딱정벌레

박해철·김성수·이영보·이영준

교학사

겉껍질이 단단하고 딱지날개를 지닌 딱정벌레는 곤충 중에서 가장 다양한 무리이다. 전세계에 30여 만 종이 알려져 있고, 우리 나라에도 3000여 종이 조사되어 있어, 종수면에서 볼 때 타의 추종을 불허한다. 이들은 뭍뿐만 아니라 물 속 등 여러 지구 환경에서 탁월하게 적응하고 있다. 게다가 개중에는 몸이 보석처럼 아름답게 빛나는 것도 있어 애호가들이 많다. 그래서 딱정벌레의 기묘한 세계에 한번 맛들이면 좀처럼 헤어나기 힘들 정도로 흥미진진해진다.

그 동안 종류가 워낙 방대하다 보니 딱정벌레를 파악하는 데 미흡한 면이 많았다. 여러 전문가들의 연구물이 나오고는 있지만, 일부 분류군에 치우치거나 분류학적 문제에 국한된 것이어서 아직 연구할 문제가 많이 남아 있다. 반면에 딱정벌레 애호가들의 지적 욕구는 인터넷을 통해 차츰 증가하는 추세여서 정보가 많이 실린 책이 절실한 실정이었다.

이런 점을 보완하고, 야외에 손쉽게 들고나가 현장에서 그 이름을 알 수 있도록 책을 작게 꾸며 보았다. 특히 초보자들이 사용하기 좋도록 쉬운 용어를 사용했으며, 비전문가의 눈에 맞추어 내용을 구성하려고 노력하였다. 또 생태 사진 사이사이에 각 분류군별로 표본편을 곁들여, 생태 사진만으로는 동정하기 어려운 종들을 자세히 실었다. 물론 많은 종류를 다루다 보니 이 책에서도 크고 작은 오류가 있을 것으로 짐작된다. 하지만 이것은 앞으로 증보판이 발행될 때마다 수정하고 빠진 내용을 보충하여 계속 알차게 꾸며 갈 예정이다.

이 책을 펴내는 데 기초를 쌓게 해 주신 성신여대 김진일 교수님께 우선 감사드리며, 좋은 생태 사진을 쾌히 빌려 주신 강의영 씨, 표본편을 꾸미는 데 일부의 표본을 기꺼이 빌려 주신 한남대학교 자연사박물관의 조영복 박사님과 민완기, 박경태, 오흥윤, 서원진 씨 등께도 감사를 드린다. 아울러 전문가로서 내용을 검토해 주신 이종은 교수님, 홍기정 박사님, 박진영 박사님, 이희아 선생님, 강태화 선생님, 조희욱 선생님, 한태만 선생님, 유인성 선생님께 깊은 감사를 드린다. 끝으로, 이 책이 잘 꾸며지도록 힘써 주신 교학사 양철우 사장님과 유홍희 부장님, 그리고 편집부 여러분께 감사를 드린다.

2006년 1월 저자 일동

차 | 례

차 | 례

차｜례

8

차 | 례

일러두기

- 이 책에서 다룬 딱정벌레류는 생태편에서 46과 268종, 표본편에서 35과 463종, 모두 47과 531종으로 동정이 가능한 5mm 이상의 우리 나라 딱정벌레를 실으려고 노력하였다. 야외에 나가 쉽게 접할 수 있는 종류를 우선으로 선정했으며, 희귀종이지만 비단벌레나 장수하늘소처럼 일반인들에게 널리 알려진 종류도 포함시켰다.

- 이 책의 분류 체계의 기본은 Lawrence와 Newton(1995)의 틀을 따랐으나, 국내 연구자가 세분한 과 수준의 체계는 그 의견을 존중하여 배열하였다.

- 과 내의 종의 배열은 사진 배열과 지면 관계로 계통 분류의 순서로만 배열하지 못하고 편의적인 경우도 있다.

- 학명은 속명과 종명만 실었는데, 학명 변화가 많은 관계로 최신 학명을 적용하려고 노력하였다.

- 우리말 이름은 한국곤충명집(1994)에 따랐으나, 일부는 그 이후에 발간된 연구물에서 개정되거나 새롭게 사용된 것을 따랐다.

- 동정은 주로 저자들이 했으나 동정이 까다로운 종에 한하여 그 분야의 전문가에게 의뢰하였다. 생태편에 실은 곤충은 확실히 동정하기 위해서 가능하면 채집을 하고 건조 표본을 만들었는데, 표본은 필자들이 보관하고 있다.

- 본문에 실은 딱정벌레 사진은 실제 크기와 다를 수 있으므로 '몸 길이' 항목에 서술한 것을 참조하기 바란다.

- 국내 분포를 북부, 중부, 남부, 제주도, 울릉도로 구분하였으며, 이 지역 모두에 분포하는 경우에는 '전국'이라 표시하였다.

- 딱정벌레목(目)을 체계가 있게 동정하는 데 도움을 주고자 각 무리별로 표본 사진을 실었다.

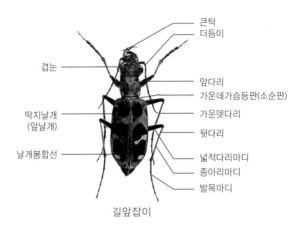

큰턱
더듬이
겹눈
앞다리
가운데가슴등판(소순판)
딱지날개
(앞날개)
가운뎃다리
뒷다리
날개봉합선
넓적다리마디
종아리마디
발목마디

길앞잡이

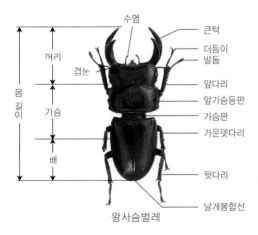

수염
큰턱
머리
더듬이
발톱
겹눈
앞다리
몸
길
이
가슴
앞가슴등판
가슴판
가운뎃다리
배
뒷다리
날개봉합선

왕사슴벌레

13

딱정벌레를 만나려면

딱정벌레는 조금만 관심을 가지면 우리 주변에서 쉽게 볼 수 있는 곤충이다. 종수가 매우 많은 만큼 사는 곳이 다양하여 집 안, 정원, 경작지와 그 주변, 버려진 땅, 숲 속, 높은 산꼭대기 등 땅 위의 모든 곳에서 만날 수 있다. 또 웅덩이와 연못, 계곡과 같은 물 속에서도 살아가고, 심지어는 바닷가의 바위에 붙은 따개비 속에서도 볼 수 있다. 하지만 사람들은, 왜 내 눈에는 그 흔한 딱정벌레가 잘 보이지 않지? 하고 반문을 한다. 그 이유는, 우리들이 작은 곤충을 만날 준비를 하지 않고 주변을 바라보기 때문이다. 그들은 우리와 같은 공간에 살면서도 우리의 눈이 잘 미치지 않는 곳에 위장하여 있거나 또는 사람들이 잘 활동하지 않는 밤과 같은 시간에 나온다. 따라서 우리들이 딱정벌레에게 관심을 조금만 기울인다면 가까운 도심의 공원을 산책하면서도 이들을 만날 수 있으며, 주택 지붕 위에 만든 조그만 텃밭에서도 예쁜 딱정벌레를 볼 수 있다. 높은 눈 높이에서 낮은 식물에 앉아 있는 딱정벌레를 한눈에 찾아보려 하지 말고 몸을 굽히고 주변의 식물을 가만히 살펴보라. 그러면 그곳에서 뭔가를 하고 있는 딱정벌레를 쉽게 찾아볼 수 있다.

만일 딱정벌레를 발견했다면 조심조심 다가서라. 물론 대부분의 종들이 나비보다 덜 민감해 크게 충격을 가하지 않으면 금방 도망가지 않지만, 갑자기 사람의 그림자로 가려지거나 쿵쿵거리는 발걸음의 진동을 느끼면 황급히 몸을 피하는 경우도 많다. 하지만 이들과 친해지려는 마음을 가지고 조심스럽게 행동한다면 언제든 가까이 다가갈 수 있는 곤충이며, 자신들의 비밀스런 생활을 보여 줄 수도 있다.

딱정벌레와 자주 만나다 보면, 처음에는 이 벌레를 뭐라고 부를까 하고 단순히 이름만 궁금해지다가, 차츰 그들은 무엇을 먹을까, 어떻게 살까 등 그들의 은밀한 생활을 엿보고 싶어진다. 그리고 딱정벌레들이 주변 환경과 어떤 관계를 맺는지, 우리들에게 어떤 의미를 주는지 등 더 광범위한 관계를 캐어 보게 된다. 따라서 딱정벌레에게 더 가까이 다가서는 둘째 번 단계로서 딱정벌레와 만날 수 있는 대표적인 장소들을 간단히 소개해 보겠다.

● **사람이 사는 주변**

도시나 농촌, 어촌 등 사람이 많은 장소 가까이에 살고 있는 딱정벌레는 의외로 많다. 자연성이 거의 유지되지 않는 도시에서도 개인집 정원이나 공원 같은 곳을 중심으로 무당벌레나 알락하늘소 등의 딱정벌레를 만날 수 있다. 그리고 자연성이 그런대로 유지되고 있는 외곽 지역에서도 사람이 경작하는 주변에 가 보면 다양한 딱정벌레를 볼 수 있는데, 특히 과수원 주변에는 복숭아거위벌레, 사과잎벌레, 호두나무잎벌레, 향나무하늘소, 길앞잡이류가 살고 있다.

강원도 동강 주변

● **산길**

식물이 다양한 산에서는 가장 많은 딱정벌레를 만날 수 있다. 그들은 주로 먹이를 먹거나 은신처 또는 사냥터로 이용하기 위해 이 곳으로 모여든다. 하늘소류와 비단벌레류의 애벌레는 막 죽은 나무 속을 파먹고, 잎벌레류와 일부 무당벌레류, 거위벌레는 잎을 먹는다. 길앞잡이류, 딱정벌레류, 물방개류는 다른 곤충을 사냥하는데, 소똥구리는 아무렇게나 내버려진 동물의 배설물에 모인다.

경기도 화야산

딱정벌레를 만나려면

● 풀밭

풀밭 주변에는 개망초, 쑥, 엉겅퀴, 토끼풀 등과 같은 초본식물의 꽃이나 잎, 뿌리 등을 먹고 사는 딱정벌레들이 모인다. 또 꽃가루와 꿀을 섭취하기 위해 여러 풍뎅이류, 붉개미붙이, 노랑띠하늘소, 꽃벼룩 따위가 꽃에 날아온다. 병대벌레나 의병벌레와 같이 다른 곤충을 잡아먹는 2차 소비자도 간혹 눈에 띄는데, 이들은 거미처럼 꽃에 날아오는 다른 곤충을 잡아먹는다.

경기도 화야산

● 물가

큰 강은 물론 조그마한 실개천 등의 물가는 딱정벌레가 살기 좋은 안식처가 된다. 물 속이나 수면 위의 공간에서 살아가는 물방개나 물땡땡이류를 비롯하여 물가의 돌 아래에 사는 먼지벌레류, 심지어 바닷가 모래밭을 누비는 참뜰길앞잡이에 이르기까지, 물이 없으면 살 수 없는 다양한 딱정벌레를 만날 수 있다.

강원도 동강 주변

● 숲 속

　높은 나무가 많은 숲 속은 풀밭이나 경작지 주변과 달리 시야가 좁은 곳이다. 하지만 나무의 꼭대기에서 땅 속에 이르기까지 여러 서식 환경이 이루어져 있어 이 곳에 터를 잡고 살아가는 곤충도 의외로 많다. 일부는 도토리 같은 열매 속에 보금자리를 틀거나 참나무에서 흐르는 진에 날아와 영양식으로 배를 채우며 살아가기도 한다. 또 일부는 썩어 가는 나무를 분해하는 일도 맡아 한다. 이들과 만나기 위해 숲 속에 들어가 보는 것도 하나의 좋은 체험이 될 것이다.

경기도 화야산

17

길앞잡이과 [Cicindelidae]

맨땅이 드러난 산길이나 모래밭을 거닐다 보면 '길앞잡이'와 만나는 일이 많다. 이들은 놀라면 4~5m 정도 앞서 날아가 앉으므로 길을 안내하는 것처럼 느껴진다. 영어로는 'tiger beetle'이라고 하는데, 이 이름은 사냥할 때의 모습과 잘 어울린다. 애벌레는 수직으로 굴을 파고 그 속에서 지내면서 주위를 지나가는 다른 곤충을 잡아먹고 산다. '길앞잡이' 애벌레들은 등에 갈고리가 있어서 땅 속 구멍에서 벽에 의지하고 있다가 먹잇감을 향해 튀어나올 수 있다. 세계에 2500여 종이 알려져 있으며, 우리 나라에는 18종이 있는데, 앞으로 몇 종 더 추가될 것 같다.

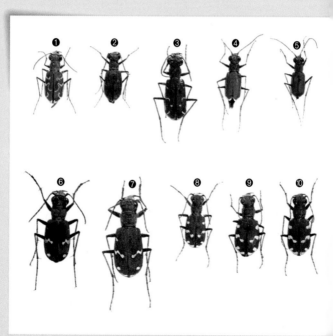

❶~❷ 꼬마길앞잡이　　❸ 쇠길앞잡이　　❹~❺ 흰테길앞잡이
❻ 산길앞잡이　　❼ 아이누길앞잡이　　❽~❿ 뜰길앞잡이
⓫ 큰무늬길앞잡이　　⓬ 길앞잡이　　⓭ 화홍깔다구길앞잡이
⓮ 깔다구길앞잡이　　⓯ 개야길앞잡이　　⓰ 닻무늬길앞잡이
⓱ 강변길앞잡이　　⓲ 무녀길앞잡이

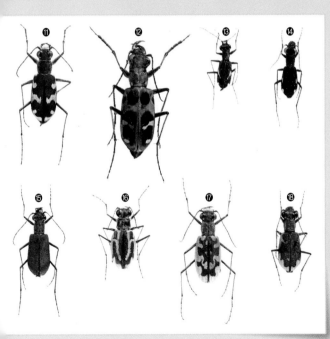

❂ 갯벌에서 먹이를 구한다. 2003. 7. 12. 용유도(경기). 강의영 제공

꼬마길앞잡이
Cicindela elisae korseanica

몸은 어두운 녹색으로, 머리와 앞가슴등판
은 청동색을 띤다. 딱지날개는 가느다란 흰
줄무늬가 왕관 장식처럼 나 있다. 밤에 등불
에 이끌려 오는 일도 있다. 크기가 작은 데다
파리처럼 빠르게 움직이므로 바닷가나 강가
에서 자세히 살펴보아야만 발견할 수 있다.

◆ 몸 길이 / 10mm 안팎
◆ 출현기 / 6~9월
◆ 서식지 / 바닷가 갯벌, 염전,
  강변
◆ 국내 분포 / 북부, 중부, 남부
◆ 국외 분포 / 일본, 중국, 러
  시아(연해주), 타이완, 몽골,
  티베트

◐ 갯벌 위를 기어다니며 짝을 찾는다. 2003. 7. 12. 용유도(경기). 강의영 제공

◆ 몸 길이 / 11mm 안팎
◆ 출현기 / 6~8월
◆ 서식지 / 바닷가 갯벌
◆ 국내 분포 / 경기도 섬 지역
◆ 국외 분포 / 일본, 중국, 타이완

※ 닮은 종인 '백제흰테길앞잡이 (C. yuasai)'는 우리 나라에 기록이 있으나 아직 정확한 실체가 파악되지 않고 있다.

흰테길앞잡이
Cicindela yodo

몸은 어두운 녹색으로, 딱지날개의 옆과 날개 끝에 흰 테가 뚜렷하게 보인다. 바닷가 갯벌의 물이 고인 곳 주변에서 살며, 작기 때문에 발견하기가 쉽지 않다. 최근 경기도 용유도에서 7월에 발견된 바 있다.

○ 강원도 높은 산길에서 산다. 2001. 8. 19. 해안(강원)

산길앞잡이
Cicindela sachaliensis

몸은 어두운 녹색에서 갈색을 띠며, 윗입술은 황백색을 띤다. 딱지날개 양쪽에 있는 황백색의 ~모양 무늬는 거의 수평을 이룬다. 몸 아래는 녹색이며 광택을 띤다. 색상만 다를 뿐 언뜻 보아 '아이누길앞잡이'와 닮았다. 높은 산지의 절개지나 도로, 등산로 주변에서 볼 수 있으나 그리 흔하지 않다.

◆ 몸 길이 / 15~20mm
◆ 출현기 / 7~10월
◆ 서식지 / 산의 절개지, 길가
◆ 국내 분포 / 경기, 강원도의 높은 산지
◆ 국외 분포 / 일본, 중국, 러시아(사할린)
※ 최근 개체 수가 늘고 있다.

◐ 드물게 바위 위에 날아와 앉는다.
1994. 4. 23. 화야산(경기)

◐ 산길에 많다.
2003. 5. 11. 주금산(경기)

◆ 몸 길이 / 16~21mm
◆ 출현기 / 4~6월, 늦가을
◆ 서식지 / 풀밭이나 산지의 길가
◆ 국내 분포 / 전국
◆ 국외 분포 / 일본, 중국, 러시아(연해주)
※ 먹잇감을 구할 때에는 다리를 펴고 머리를 쳐드는 버릇이 있다.

아이누길앞잡이
Cicindela gemmata

몸은 갈색으로 녹색 기가 있으며, 딱지날개 가운데에 있는 황백색의 무늬가 중앙에서 바깥쪽으로 처진다. 어른벌레로 월동하며 이른 봄부터 활동하는데, 아주 맑은 날에 많이 볼 수 있다. 산길이나 풀밭 사이의 노출된 땅에 많다. 전국에 매우 흔하며, 제주도 한라산에서는 유독 해발 800m 부근의 등산로에서 많이 볼 수 있다.

◑ 강가의 모래밭에서 산다.
2004. 4. 11. 공주(충남)
◑ 짝짓기
2004. 4. 11. 공주(충남)

뜰길앞잡이

Cicindela transbaicalica

생김새는 '아이누길앞잡이'와 닮은 점이 많으나 조금 작고, 배 쪽의 푸른 기가 강한 것으로 구별할 수 있다. 주로 강가의 자갈이나 모래밭에 살며 '깔다구'나 '개미'와 같은 곤충을 잡아먹는다. 늦가을까지 볼 수 있는데, 이듬해 봄에 개체 수가 많다. 강가에 앉아 있으면 기어다니면서 짝을 찾거나 먹이를 잡는 장면을 심심치 않게 볼 수 있다.

◆ 몸 길이 / 10~14mm
◆ 출현기 / 4~6월, 늦가을
◆ 서식지 / 강가의 자갈과 모래밭
◆ 국내 분포 / 전국
◆ 국외 분포 / 일본, 중국, 러시아(연해주)
※ 딱지날개의 어깨 부분을 둘러싼 반점이 완전하면 '참뜰길앞잡이'이고, 중간에 끊겨 있으면 '뜰길앞잡이'라고 한다.

❶ 양지바른 곳에서 보인다.
2003. 4. 27. 앵무봉(경기)
❷ 무시무시한 큰턱이 발달한 얼굴
2000. 5. 11. 광교산(경기)

◆ 몸 길이 / 20mm 안팎
◆ 출현기 / 4~6월, 8~9월
◆ 서식지 / 산지, 평지, 경작
　지 주변
◆ 국내 분포 / 한반도 내륙
◆ 국외 분포 / 일본, 중국
※ 예전에는 '비단길앞잡이'
　라고 불렀다.

길앞잡이
Cicindela chinensis

　길앞잡이류 중에서 날개의 금록색 광택이
두드러져 길앞잡이 무리의 대표일 뿐 아니라
딱정벌레 중에서 가장 아름다운 종의 하나에
속한다. 주로 산길과 산간 밭 주변에서 흔히
보이며, '아이누길앞잡이'와 함께 관찰되는
경우도 있다. 땅 속의 번데기에서 가을에 새로
운 어른벌레가 나와도 번데기 때의 흙고치에
그대로 머물면서 겨울을 난다.

● 주로 갯벌을 좋아한다. 2003. 7. 12. 용유도(경기), 강의영 제공

무녀길앞잡이

Cicindela chiloleuca

날개의 무늬가 '강변길앞잡이'와 비슷하나 날개에 있는 갈색 무늬가 복잡하고 다르게 생겼다. 현재는 바닷가나 염전 주변에서 발견되고 있으며, 버려진 염전 지역에서 '꼬마길앞잡이'와 함께 관찰되곤 한다. 개체 수는 그다지 많아 보이지 않는다. 최근에 확인된 종으로, 종명이 정확한지 검토해 보아야 하나 딱정벌레 마니아들에게는 잘 알려진 종이다.

◆ 몸 길이 / 11~13mm
◆ 출현기 / 6~9월
◆ 서식지 / 염전 지대, 바닷가
◆ 국내 분포 / 경기도 서해안과 섬 지역
◆ 국외 분포 / 중국, 몽골, 러시아, 터키, 동유럽

● 모래땅을 좋아한다. 2003. 7. 25. 개화산(경기). 강의영 제공

◆ 몸 길이 / 10mm 안팎
◆ 출현기 / 7월
◆ 서식지 / 논둑과 제방의 길, 맨땅
◆ 국내 분포 / 북부, 중부, 남부
◆ 국외 분포 / 일본, 중국 동북부, 러시아(연해주), 몽골
※ 빨리 걸어다니므로 주의해서 보지 않으면 관찰할 수 없다.

깔다구길앞잡이
Cicindela gracilis

딱지날개 무늬가 붉은색이 나타나는 것과 그렇지 않은 것이 함께 발견되는데, 강원도 일부 산지에서는 붉은색 무늬가 없는 것만 발견된다. 특별히 붉은색 무늬가 퇴화한 것을 다른 아종으로 처리하기도 한다. 개체 수가 적은 종이다. 논둑이나 제방 풀밭 사이의 맨땅에서 간혹 빠르게 걸어다니는 것이 발견되는데, 뒷날개가 퇴화되어 전혀 날지 못한다.

27

딱정벌레과 [Carabidae] : 딱정벌레류

대부분 중형에서 대형이고, 땅 위를 기어다니며 사냥하는 무리들은 뒷날개가 퇴화하여 날지 못하는 경우가 많다. 북반구 온대에서 한대에 걸쳐 분포하는데, 우리 나라에는 아종까지 포함하여 40여 종류가 산다. 어른벌레는 대부분 땅 위에서 사는데, 늦가을까지 볼 수 있다. 추워지면 흙 속이나 썩은 나무 속에 들어가 겨울을 난다. 애벌레와 어른벌레는 모두 포식성이 강하여 지렁이와 달팽이 등을 잡아먹는데, 때로 죽은 곤충도 먹는다. 세계에 3만여 종이 알려져 있다.

【멋쟁이딱정벌레의 지역 변이】
❶ 계방산 ♂   ❷ 계방산 우   ❸ 치악산 ♂   ❹ 치악산 우
❺ 덕유산 ♂   ❻ 덕유산 우   ❼ 지리산 ♂   ❽ 지리산 우
❾ 거제도 ♂   ❿ 거제도 우   ⓫ 진도 ♂   ⓬ 진도 우
⓭ 제주도 ♂   ⓮ 제주도 우

❶ 풀색명주딱정벌레
(3. 제주도   4. 충주(충북))   ❺~❽ 우리딱정벌레   ❸~❹ 왕딱정벌레   ❾ 멋쟁이딱정벌레
❿~⓭ 홍단딱정벌레 (10. 영종도 11. 거제도 12. 우두산 13. 발왕산)
⓮ 고려줄딱정벌레   ⓯ 맵시딱정벌레   ⓰ 애딱정벌레
⓱ 멋조롱박딱정벌레   ⓲~⓳ 조롱박딱정벌레   ⓴ 큰명주딱정벌레

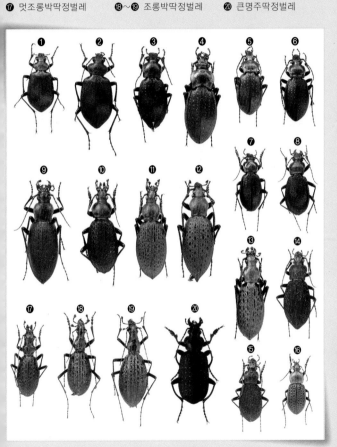

❍ 땅바닥을 기어다닌다. 2001. 7. 1. 관음사(제주)

검정명주딱정벌레

Calosoma maximowiczi

몸 전체가 넓고 납작하다. 몸은 광택이 있
는 검은색으로, 더듬이는 밑부분이 검고 끝
에서 적갈색을 띤다. 앞가슴등판과 딱지날개
의 가장자리에 푸른 기가 돈다. 딱지날개의
세로로 융기된 줄은 15개가 있는데, 꽤 도드
라져 보인다.

◆ 몸 길이 / 24~30mm
◆ 출현기 / 5~7월
◆ 서식지 / 숲
◆ 국내 분포 / 중부, 남부, 제주
◆ 국외 분포 / 일본, 중국, 타
이완, 러시아(연해주)
※ 나무 위에서 생활하며 나비
와 나방의 애벌레를 잡아먹
는다.

❖ 바위 위에서 쉬고 있다.
1998. 6. 16. 주금산(경기)
❖ 나뭇진이 나오는 곳에 머리를 박고 있다.
2001. 6. 23. 관음사(제주)

◆ 몸 길이 / 17~25mm
◆ 출현기 / 4~7월
◆ 서식지 / 숲
◆ 국내 분포 / 전국
◆ 국외 분포 / 일본, 중국, 타이완, 극동 러시아에서 유럽, 북아프리카까지
※ 딱지날개에는 17줄의 뚜렷한 홈줄이 패어 있다.

풀색명주딱정벌레
Calosoma inquisitor

'검정명주딱정벌레'와 매우 비슷하게 생겼으나 크기가 조금 작고 몸에 녹색 광택이 훨씬 뚜렷하다. 또 앞가슴등판의 옆가두리에 난 융기된 줄이 기부까지 이르지 않는다는 점에서도 차이가 난다. 주로 나무 위에서 생활하며 다른 곤충의 애벌레를 잡아먹는다. 경우에 따라서는 나뭇진에 오는 곤충의 애벌레를 잡아먹기도 한다. 바삐 움직이다가도 나뭇잎 위에서 머문다.

○ 개울가 돌 틈 사이에서 먹이를 찾아다닌다. 1999. 7. 31. 안덕 계곡(제주)

왕딱정벌레

Carabus fiduciarius saishutocus

몸은 검은색으로, 가장자리에 녹자색의 광택이 나타난다. 제주도에서는 확 트인 공간의 평지나 낮은 산지에 사는데, 꽤 흔한 종으로, 숲 내부에서는 오히려 발견되지 않는다. 한반도 내륙에서는 중부와 북부 지방에만 살고 있고 남부 지방에서는 보이지 않아, 이들의 분포가 지리적으로 격리되어 있는 것으로 판단된다.

◆ 몸 길이 / 25~31mm
◆ 출현기 / 5~9월
◆ 서식지 / 평지나 산지의 확 트인 공간
◆ 국내 분포 / 북부, 중부, 제주
◆ 국외 분포 / 중국 북부
※ 북부 지방의 개체들은 앞날개의 녹색이 두드러져 제주도의 개체들과 다르다.

🔴 축축한 땅바닥을 잘 배회한다. 2000. 9. 29. 인제군 용대리(강원)

◆ 몸 길이 / 22~30mm
◆ 출현기 / 5~9월
◆ 서식지 / 낮은 산지의 계곡
◆ 국내 분포 / 제주도를 제외한 전국
◆ 국외 분포 / 중국 동북부
※ 비교적 흔한 종이다.

우리딱정벌레

Carabus sternbergi

몸은 광택이 강한 검은색인데, 약하게 청색, 녹색 또는 적갈색을 띤다. 딱지날개에는 맨눈으로 보면 팬 홈들이 세로로 이어져 홈줄을 이루며 10~15개 정도로 뚜렷하다. 어른벌레는 축축한 개울가에서 기어다니며 지렁이 따위의 토양생물들을 잡아먹는다. 낮에는 쉬다가 밤이 되면 비로소 활동한다.

33

○ 낮에 밭에서 볼 수 있다. 2004. 6. 6. 홍천군 삼마치리(강원)

애딱정벌레
Carabus tubercuosus

몸은 녹색이 약간 감도는 적갈색을 띠고, 딱정벌레 중에서 작은 편에 속한다. 앞가슴등판은 전체가 투구 모양인데, 별다른 무늬가 없다. 딱지날개에 혹같이 생긴 융기물들이 세로로 줄지어 있는데, 꽤 도드라져 보인다. 흔한 종으로, 주로 밤에 활동하며, 지렁이나 달팽이를 찾아 풀밭이나 경작지 주변을 쏘다닌다.

◆ 몸 길이 / 17~23mm
◆ 출현기 / 5~9월
◆ 서식지 / 평지나 낮은 산지의 풀밭
◆ 국내 분포 / 전국
◆ 국외 분포 / 일본
※ 딱정벌레과의 종들은 컵 속에 미끼를 넣고 땅 높이와 같게 묻어 놓으면 잡을 수 있다.

◐ 날지 않고 숲 속 바닥에서 먹이를 찾는다. 2004. 6. 13. 계방산(강원)

◆ 몸 길이 / 18~21mm

◆ 출현기 / 5~9월

◆ 서식지 / 평지나 낮은 산지
　의 풀밭

◆ 국내 분포 / 북부, 중부, 남부

◆ 국외 분포 / 중국 동북부,
　러시아(연해주 남부)

※ 우리 나라에 5아종이 알려
　져 있다.

두꺼비딱정벌레
Carabus fraterculus

　소형으로, 몸 전체가 검다. 지역에 따라 앞가슴등판이 검게 되거나 청색을 띠는 등 색채 변이가 있다. 축축한 개울가나 나무 아래의 습기 찬 곳에서 살아가며 주로 밤에 지렁이 등을 잡아먹는다. 이 종은 북한의 원산 지역에서 잡힌 표본을 기준삼아 처음 기재되었다.

○ 작은 곤충을 잡아먹는 육식성이다. 1994. 7. 16. 두륜산(전남)

멋쟁이딱정벌레

Carabus jankowskii

아주 흔하며 크고 화려하여 우리 나라를 대표할 만한 딱정벌레이다. 딱지날개에 혹같이 도드라진 줄점이 가늘고 길며, 모든 줄이 비교적 균일하다. 숲 내부에 살며 간혹 낮에도 활동하지만 주로 밤에 먹이와 짝을 찾아다닌다. 컵 속에 당밀을 넣어 땅 높이에 맞추어 묻어 놓은 함정에 쉽게 빠진다. 뒷날개가 퇴화되어 날아다니지 못한다.

◆ 몸 길이 / 25~31mm
◆ 출현기 / 5~9월
◆ 서식지 / 평지나 산지의 확 트인 공간
◆ 국내 분포 / 북부, 제주도
◆ 국외 분포 / 중국 북부, 러 시아(연해주)
※ 학자에 따라서는 7아종으 로 구분하기도 한다.

❖ 보통 등 쪽은 붉은빛을 띤다. 2004. 6. 13. 계방산(강원)

- ◆ 몸 길이 / 30~45mm
- ◆ 출현기 / 5~9월
- ◆ 서식지 / 산지의 숲
- ◆ 국내 분포 / 부속 섬을 제외한 전국
- ◆ 국외 분포 / 중국 동북부, 러시아(연해주), 몽골
- ※ 손으로 잡으면 입에서 냄새가 나는 간장색의 액체를 분비한다.

홍단딱정벌레
Carabus smaragdinus

몸의 등 쪽은 붉은 구릿빛을 띠는데, 지역에 따라 녹색을 띠는 등 색채 변이가 심하다. 딱지날개에는 혹같이 도드라진 점들이 세로로 줄지어 7개의 줄을 만드는데, 3개는 큰 혹처럼 튀어나온 줄이며, 나머지 4개는 작다. 주로 숲 바닥을 기어다니면서 지렁이와 같은 작은 동물들을 잡아먹고 산다. '멋쟁이딱정벌레'와 견주어 덜 흔한 편이다.

딱정벌레과 [Carabidae] : 먼지벌레류

학자에 따라서는 딱정벌레과, 먼지벌레과, 폭탄먼지벌레과 등으로 나누기도 하지만 여기서는 모두 딱정벌레과에 포함된 방식을 채택했다. 먼지벌레 무리는 일반적으로 땅에서 생활하지만 나무에 올라가는 종류도 있다. '큰먼지벌레' 처럼 땅에 사는 종류들은 낮에 습한 장소에 숨어 있다가 밤에 활동하면서 먹이와 짝을 찾는다. 반면, '팔점박이먼지벌레' 는 나무 위에서 밤에 활동한다. 그리고 '폭탄먼지벌레' 처럼 자극을 받으면 폭발음과 함께 강한 산성 물질을 배끝에서 내뿜는 종류도 있는데, 이 물질이 피부에 닿으면 화상을 입을 수 있다. 우리 나라에 339종이 있다.

❶ 큰조롱박먼지벌레　　❷ 조롱박먼지벌레　　❸ 가는조롱박먼지벌레
❹ 등빨간먼지벌레　　❺ 팔점박이먼지벌레　　❻ 쌍점박이먼지벌레
❼ 노랑선두리먼지벌레　　❽ 납작선두리먼지벌레　　❾ 동양납작먼지벌레
❿ 가는청동머리먼지벌레　　⓫ 줄먼지벌레　　⓬ 큰털보먼지벌레
⓭ 풀색먼지벌레　　⓮ 끝무늬먼지벌레　　⓯ 쌍무늬먼지벌레
⓰ 노랑무늬먼지벌레　　⓱ 두점박이먼지벌레　　⓲ 노랑머리먼지벌레
⓳ 날개끝가시먼지벌레　　⓴ 목가는먼지벌레　　㉑ 폭탄먼지벌레
㉒ 꼬마목가는먼지벌레

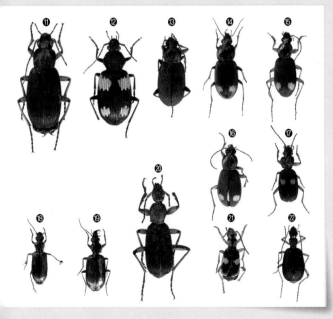

◐ 바닷가의 모래밭에서 잘 발견된다. 2004. 7. 29. 용유도(경기)

조롱박먼지벌레
Scarites aterrimus

몸은 전체가 검은색이다. 앞가슴등판은 앞
가두리의 어깨 부위가 뾰족하게 튀어나왔다.
또 옆 가장자리는 평행하나 뒷가두리는 좁아
지는데, 그 모양새가 둥글게 보인다. 앞다리의
발목마디에는 가시 모양 돌기가 강하게 삐쳐
보인다. 뒷날개는 퇴화하여 전혀 날지 못한다.

◆ 몸 길이 / 18mm 안팎
◆ 출현기 / 4~9월
◆ 서식지 / 바닷가의 모래밭
◆ 국내 분포 / 중부 서해안,
  남부, 제주도
◆ 국외 분포 / 일본, 중국
※ 주로 바닷가의 모래밭에서
  발견되는데, 닮은 종으로
  '큰조롱박먼지벌레'와 '긴
  조롱박먼지벌레'가 있다.

● 개울가 돌 틈에 잘 숨는다. 2004. 5. 30. 영월군 팔괴리(강원)

◆ 몸 길이 / 13~17mm
◆ 출현기 / 3~9월
◆ 서식지 / 강가나 들판의 습지
◆ 국내 분포 / 북부, 중부, 남부
◆ 국외 분포 / 일본, 중국, 러시아(시베리아 동부)
※ 간혹 높은 산에서 발견되기도 한다.

노랑선두리먼지벌레
Nebria livida

몸은 검으나 더듬이와 다리를 포함하여 앞가슴등판 대부분과 딱지날개 양쪽과 뒷가두리는 넓게 적갈색을 띠어 이채롭게 생겼다. 납작한 몸으로 돌 밑에 숨어 있다가 주변을 배회하면서 작은 벌레를 잡아먹거나 죽은 곤충을 먹는다. 비교적 흔한 종으로, 돌을 들추면 2~3초 가량 움직이지 않다가 도망가는 습성이 있다.

◑ 먹이를 찾아 끊임없이 더듬이를 움직인다. 2004. 7. 22. 고창군 선운사(전북)

큰털보먼지벌레
Dischissus mirandus

몸은 검은색이며, 딱지날개에 선명하고 너비가 넓은 노란색 무늬가 4개 있다. 더듬이는 긴 편인데, 제3마디가 유난히 길다. 앞가슴등판은 주름이 약간 잡혀 있고, 딱지날개는 골판지 모양으로 뚜렷한 홈줄이 늘어서 있다. 주로 밤에 활동하며, 축축한 장소의 나무나 돌 사이를 기어다니면서 먹이를 찾는다. 먹이를 탐색할 때 끊임없이 더듬이를 움직이는 모습이 인상 깊다.

◆ 몸 길이 / 17~19mm
◆ 출현기 / 6~8월
◆ 서식지 / 평지나 산지의 습한 계곡
◆ 국내 분포 / 남부, 제주도
◆ 국외 분포 / 일본, 중국, 타이완
※ 밤에 나무 위나 돌 사이에서 볼 수 있다.

○ 나뭇잎 위에서 먹잇감을 찾고 있다. 2004. 5. 18. 함백산(강원)

◆ 몸 길이 / 8.5∼9.5mm
◆ 출현기 / 4∼10월
◆ 서식지 / 숲
◆ 국내 분포 / 중부, 남부
◆ 국외 분포 / 일본, 중국, 인도네시아, 미얀마, 인도
※ 날렵하게 걸어다니지만, 급하면 날아다닌다.

쌍점박이먼지벌레
Lebidia bioculata

　몸은 적갈색으로 딱지날개의 바탕색이 약간 짙은 가운데 중앙 아래로 엷은 노란색 원무늬가 나타난다. 보통 그 원무늬 중심에 엷은 흑갈색 무늬가 있다. 뒤로 갈수록 배가 뚱뚱해 보인다. 나무 위에서 살아가는 종으로, 낮에는 잎 뒤에 숨어 있다가 밤에 주로 활동한다. 밤에 등불을 켜면 날아드는 경우가 있다.

❸ 밤에 활동한다.
　2000. 8. 30. 사천(경남)
❸ 풍뎅이류를 포식하고 있다.
　2000. 9. 29. 인제군 용대리(강원)

쌍무늬먼지벌레

Chlaenius naeviger

머리와 앞가슴등판은 녹색을 머금은 구릿
빛 광택이 강하게 나고, 딱지날개는 어두운 녹
색을 띤다. 홈줄이 분명한 딱지날개에는 배끝
쪽으로 뚜렷한 노란색 무늬가 양 가장자리로
갈라져 나타난다. 다리는 갈색을 띤다. 흔한
종으로, 주로 개울가 주변과 같이 축축한 장소
에 나타나며 밤에 활동한다.

◆ 몸 길이 / 14~15mm
◆ 출현기 / 5~7월
◆ 서식지 / 낮은 산지나 풀밭
　의 습지
◆ 국내 분포 / 중부, 남부
◆ 국외 분포 / 일본, 중국, 타
　이완
※ 머리와 앞가슴등판이 붉은
　색의 금속 광택을 지닌 종
　은 '노랑무늬먼지벌레'이다.

❂ 등이 붉은색이므로 잘 구별된다. 2001. 5. 15. 군산시 대위 마을(전북)

◆ 몸 길이 / 8~9mm
◆ 출현기 / 5~6월
◆ 서식지 / 낙엽 활엽수림의 계곡
◆ 국내 분포 / 중부
◆ 국외 분포 / 일본, 중국, 동남 아시아, 미얀마, 인도, 뉴기니
※ 육식성으로, 지렁이를 잡아먹는다.

밑빠진먼지벌레

Cymindis daimio

머리와 앞가슴등판은 검은색을 띠는데, 자세히 들여다보면 황갈색의 융기물이 빽빽하다. 딱지날개는 대부분 붉은색에 가까운 갈색인데, 아래쪽은 ⊍ 모양으로 검어진다. 더듬이는 황갈색이고 다리는 넓적다리마디까지 검으며 나머지 부분은 황갈색이다. 어른벌레는 주로 계곡 주변의 축축한 곳에서 보이는데, 낮에 돌을 들추면 빠르게 도망가는 모습을 관찰할 수 있다.

45

물방개과 [Dytiscidae]

물 속에서 뒷다리를 노처럼 동시에 저어 대며 빠르게 헤엄치는 모습 때문에 물방개 무리임을 쉽게 구별할 수 있다. 이들은 아가미와 같은 물 속 호흡 장치가 없지만 대신 배끝을 물 밖으로 내밀고 딱지날개 밑에 공기 방울을 채워 물 속으로 들어가서 산다. 보통 '물방개' 라고 하면 큰 종류로 알기 쉬우나 몸 길이 7mm 이하의 작은 종류가 많다. 대형종들은 물이 괸 웅덩이에서 발견되고, 소형종 중에는 흐르는 물에 사는 종류가 많다. 세계에 4000여 종, 우리 나라에 50여 종이 있는데, 삶터가 줄고 수질 환경이 나빠져 차츰 개체 수가 줄어들고 있다. 어른벌레와 애벌레 모두 육식성이다.

❶ 잿빛물방개   ❷ 줄무늬물방개   ❸ 물방개
❹ 동쪽애물방개   ❺ 큰알락물방개   ❻ 꼬마줄물방개
❼ 검정땅콩물방개   ❽ 큰땅콩물방개   ❾ 애기물방개
❿ 검정물방개

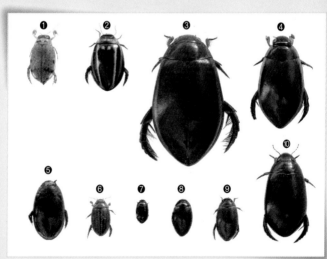

○ 예뻐 보이지만 포식성이 강하다. 1999. 5. 12. 사천(경남)

◆ 몸 길이 / 25~40mm
◆ 출현기 / 연중
◆ 서식지 / 평지의 하천, 연못, 늪
◆ 국내 분포 / 전국
◆ 국외 분포 / 일본, 중국, 러시아(시베리아 동부)
※ 물방개 무리에서 가장 큰 종이다. 옛날에는 '쌀방개'라 하며 친근했던 곤충이었으나 지금은 보기 힘들다.

물방개

Cybister japonicus

몸은 긴 타원형으로 비교적 납작하다. 이마방패와 앞머리, 앞가슴등판과 딱지날개에 이르기까지 양 가두리에 노란 띠를 가지고 있다. 수컷의 등판은 매끈하지만 암컷의 등판은 세로의 잔주름을 가지고 있다. 평지의 하천이나 연못, 늪 등에서 헤엄치며 수서곤충은 물론 자기 덩치보다 큰 물고기와 올챙이까지도 잡아먹는, 물 속의 폭군이다. 많을 때에는 밤에 불빛을 따라 집으로 날아들기도 했는데, 아이들이 맨손으로 잡으려다가 다리에 난 가시에 찔리기도 하였다.

47

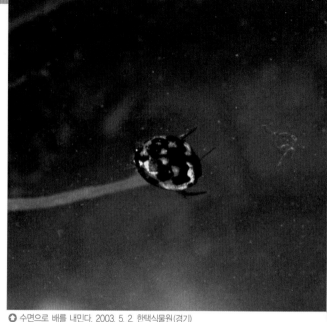

○ 수면으로 배를 내민다. 2003. 5. 2. 한택식물원(경기)

알물방개

Hyphydrus japonicus

몸은 짧은 알 모양이다. 앞가슴등판과 딱지
날개는 황갈색 바탕에 독특한 검은 무늬가 있
다. 수컷의 등은 광택이 나나 암컷은 가느다란
그물 모양의 홈을 가지며, 광택이 약하거나 없
다. 뒷다리종아리마디의 가시돌기는 톱날 모
양이다.

◆ 몸 길이 / 4~5mm
◆ 출현기 / 연중
◆ 서식지 / 연못과 늪
◆ 국내 분포 / 전국
◆ 국외 분포 / 일본
※ 물풀이 자라는 농수로나 늪
　지에 살며, 비교적 흔한 편
　이다.

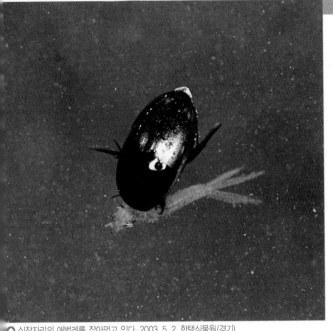

🔵 실잠자리의 애벌레를 잡아먹고 있다. 2003. 5. 2. 한택식물원(경기)

◆ 몸 길이 / 8~10mm
◆ 출현기 / 연중
◆ 서식지 / 평지의 물흐름이 약한 웅덩이
◆ 국내 분포 / 전국
◆ 국외 분포 / 일본, 중국
※ 물 속의 작은 동물을 먹고 산다.

모래무지물방개

Ilybius apicalis

몸 전체가 흑갈색을 띠는데, 딱지날개의 양 가장자리와 배끝 쪽은 황갈색을 띤다. 앞가슴 등판의 뒷가두리는 직각을 이루는 특징이 있다. 어른벌레는 연못이나 조그마한 웅덩이, 물 흐름이 약한 수로에 많다. 헤엄치다가 잠시 멈추고 다시 헤엄치는 습성이 있다.

● 딱지날개에 줄무늬가 많다. 2003. 5. 2. 한택식물원(경기)

꼬마줄물방개

Hydaticus grammicus

몸은 전체가 타원형이다. 등면은 황갈색이고, 앞가슴등판의 뒷가두리는 검은색이며, 딱지날개에는 세로로 된 검은 띠가 여러 줄 있다. 다리는 짙은 갈색을 띠며 발톱이 날카롭다. 주로 물풀이 많이 자라는 들판의 웅덩이 또는 약하게 흐르는 물 속에서 작은 벌레를 잡아먹고 산다. 여름에는 밤에 등불에 날아온다.

◆ 몸 길이 / 10~11mm
◆ 출현기 / 연중
◆ 서식지 / 연못, 수로, 늪
◆ 국내 분포 / 북부, 남부, 제주도
◆ 국외 분포 / 일본, 중국
※ 축축한 땅 속에서 겨울잠을 잔다.

◐ 가끔 물 밖으로 나와 비상하여 다른 곳으로 이동한다. 2003. 5. 2. 한택식물원(경기)

◆ 몸 길이 / 13~14mm
◆ 출현기 / 연중
◆ 서식지 / 연못, 수로
◆ 국내 분포 / 전국
◆ 국외 분포 / 일본, 중국
※ 흔한 종이었으나, 농경지의 웅덩이에서는 그 수가 줄었다.

아담스물방개
Graphoderus adamsi

몸은 약간 둥근 타원형이다. 등면은 황갈색이며 광택이 있다. 머리의 뒷부분과 두정 부분의 V자 모양 무늬, 그리고 앞가슴등판의 앞가두리와 뒷가두리는 검은색이다. 언뜻 보면 머리와 가슴 사이에 누런 띠를 두른 형상이다. 물풀이 많이 자라는 웅덩이나 수로, 연못, 하천에서 재빨리 헤엄쳐 다닌다.

물맴이과 [Gyrinidae]

어른벌레는 겹눈이 둘로 나뉘어 수면 위아래를 동시에 볼 수 있어 수면에 잘 적응한다. 세계에 800여 종, 우리 나라에 6종이 있다.

❍ 어두운 계곡물 위에서 무리지어 맴돈다. 2004. 8. 29. 춘천시 남면 가정리(강원)

물맴이
Gyrinus japonicus

몸은 강한 광택이 나는 검은색이고, 딱지날 개 양 옆 뒤쪽으로 침 돌기가 뚜렷하다. 딱지 날개에는 11개의 줄지은 홈이 있다. 눈은 공 중을 보기 위한 것과 물 속을 보기 위한 것이 각 1쌍씩 있다. 어둡고 흐름이 적은 계곡물 위 에서 무리지어 헤엄치는 모습을 흔히 볼 수 있다.

◆ 몸 길이 / 6~7.5mm
◆ 출현기 / 4~10월
◆ 서식지 / 흐름이 적은 계곡물
◆ 국내 분포 / 북부, 중부, 제 주도
◆ 국외 분포 / 일본, 중국, 타 이완, 베트남
※ 물 위를 빙글빙글 맴돈다 하 여 '물맴이' 라고 하였다.

물땡땡이과 [Hydrophilidae]

'물방개' 와 더불어 수중 생활에 적응한 대표적인 무리로, 세계에 2000여 종, 우리 나라에 30여 종이 있다. 몸이 유선형이어서 헤엄치기에 알맞으나 '물방개' 와 달리 양쪽 뒷다리를 개헤엄치듯이 교대로 움직인다. 애벌레는 육식성이나 어른벌레가 되면 물풀과 같은 식물질을 먹는다. 물땡땡이 무리 모두가 물에 사는 것으로 보기 쉬우나 일부는 바닷가 모래밭이나 소똥에 모이는 등 육지의 여러 공간에 적응된 종들도 많다.

❶ 애물땡땡이   ❷ 물땡땡이   ❸ 잔물땡땡이

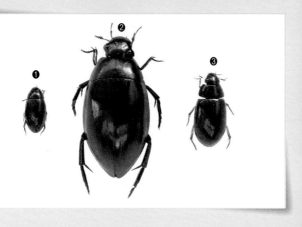

○ 웅덩이를 거침없이 헤엄쳐 다닌다. 2000. 7. 31. 광교산(경기)

점박이물땡땡이
Berosus signaticollis

머리는 검은색이고, 몸은 광택이 있는 황갈색에 드문드문 흑갈색 점무늬가 나타난다. 확대경으로 보면 딱지날개에는 도랑 모양의 홈줄이 발달되어 있다. 다리는 노란색을 띤다. 흔한 종으로, 물풀이 많은 웅덩이나 연못, 논, 도랑 등에 많다.

◆ 몸 길이 / 6.3~6.9mm
◆ 출현기 / 5~8월
◆ 서식지 / 수로, 연못
◆ 국내 분포 / 중부
◆ 국외 분포 / 구북구
※ 점박이물땡땡이속에는 비슷하게 생긴 종류가 많으나 이 종이 가장 흔하다.

❍ 물 속의 낙엽 속으로 숨으려고 한다. 2004. 9. 5. 광덕산(강원)

◆ 몸 길이 / 32~40mm
◆ 출현기 / 4~11월
◆ 서식지 / 연못, 논, 웅덩이
◆ 국내 분포 / 북부, 중부, 남부
◆ 국외 분포 / 일본, 중국, 타이완
※ 물땡땡이류 중에서 가장 크며, '보리방개' 또는 '똥방개' 라고도 불린다.

물땡땡이
Hydrophilus acuminatus

몸은 강한 광택이 나는 검은색이고, 더듬이와 입은 황갈색을 띤다. 딱지날개에는 4개의 홈줄이 있다. 몸을 뒤집어 보면 앞가슴복판의 뾰족한 돌기는 배의 첫마디까지 이른다. 어른벌레는 더듬이의 옆 부분으로 공기를 흡입하여 가슴의 털에 담아 두고 물 속에서 자유자재로 다닌다. 애벌레는 강한 육식성이나 어른벌레는 물풀 등을 먹는다.

풍뎅이붙이과 [Histeridae]

작은 곤충으로, 몸이 아주 납작하여 틈새에 들어가 살기에 적합한 생김새이다. 썩은 유기물이나 동물의 배설물에도 날아와 그 안을 파고들면서 곤충의 애벌레나 응애 같은 미세한 벌레들을 잡아먹는다. 더듬이는 휘어져 있다. 세계에 3600여 종이 알려져 있으며, 우리 나라에 50여 종이 있다.

❶ 아무르납작풍뎅이붙이　❷ 풍뎅이붙이
❸ 검정풍뎅이붙이　　　　❹ 넓적풍뎅이붙이

⬆ 두엄더미 속에서 발견된다. 2004. 5. 18. 함백산(강원)

넓적좀풍뎅이붙이
Merohister jekeli

몸은 광택이 강한 검은색이며, 앞뒤로 통통한 느낌이 드나 실제로는 거의 납작하다. 딱지날개에는 4쌍의 세로로 된 긴 홈줄이 있고, 배끝 쪽에는 짧은 홈줄이 2쌍 있다. 산지의 썩은 고목이나 부패된 동물 배설물에 날아와 속을 파고들어가 지낸다.

◆ 몸 길이 / 9~13mm
◆ 출현기 / 5~9월
◆ 서식지 / 낙엽 활엽수림
◆ 국내 분포 / 중부
◆ 국외 분포 / 일본, 중국, 러시아(시베리아 남동부), 타이완

송장벌레과 [Silphidae]

　죽은 동물을 분해시키는 역할을 한다. 며칠에 걸쳐 죽은 동물을 땅 속에 묻고 나서 먹어치운다. 따라서 죽은 동물을 야외에서 쉽게 볼 수 없다. 땅 속에 사체를 묻는 습성이 있다 하여 '매장충'이라고도 한다. 이들 중 *Nicrophorus* 속의 종들은 공동으로 새끼를 기르나 우리 나라에서는 자세히 관찰된 바 없다. 구북구에 200여 종이 알려져 있으며, 우리 나라에는 27종이 있다.

❶ 곰보송장벌레	❷ 네눈박이송장벌레	❸ 큰넓적송장벌레
❹ 대모송장벌레	❺ 북방송장벌레	❻~❽ 큰수중다리송장벌레
❾ 꼬마검정송장벌레	❿ 넉점박이송장벌레	⓫ 검정송장벌레

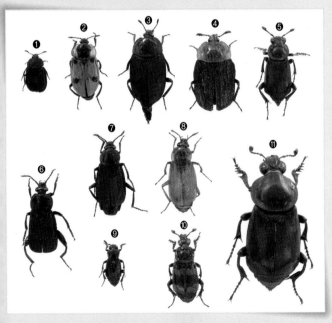

○ 각시멧노랑나비의 애벌레를 잡아먹는다. 1998. 6. 2. 주금산(경기). 박경태 제공

네눈박이송장벌레

Dendroxena sexcarinata

몸은 검은색이고, 앞가슴등판과 딱지날개
는 황토색 바탕에 검은 무늬가 있다. 특히 딱
지날개에 4개의 둥근 무늬가 두드러져 닮은
종들과 구별하기가 쉽다. 또 딱지날개에는 날
개 끝까지 이르지 않는 융기된 줄이 3개 나타
난다. 물푸레나무, 참나무, 느릅나무 따위의
활엽수 위에서 생활하는데, 나비목 애벌레를
잡아먹는 모습을 가끔 볼 수 있다.

◆ 몸 길이 / 10~15mm
◆ 출현기 / 5~7월
◆ 서식지 / 숲
◆ 국내 분포 / 중부
◆ 국외 분포 / 일본, 러시아
  동부
※ 대부분의 송장벌레는 죽은
  동물을 먹으나 이 종은 산
  개체를 사냥한다.

● 동물 사체에 잘 모인다. 2004. 7. 22. 고창군 선운사(전북)

◆ 몸 길이 / 18~22mm
◆ 출현기 / 6~9월
◆ 서식지 / 평지, 산지
◆ 국내 분포 / 북부, 중부, 남부
◆ 국외 분포 / 일본, 중국, 러시아 동부, 티베트

대모송장벌레
Calosilpha brunneicollis

몸은 검은색이고, 앞가슴등판은 붉은 귤빛으로 눈에 잘 들어온다. 딱지날개에는 세로로 융기된 줄이 나타나고, 양 가장자리는 비행체 날개처럼 편평해 보인다. 동물의 사체나 쓰레기더미 속에서 간혹 낮에도 발견되는데, 그 자리에 알을 낳는 것으로 보인다. 낮에 밝은 곳에는 돌아다니지 않아 길 위에서 쉽게 볼 수 없다.

● 딱지날개에는 도드라진 혹줄이 있다. 2000. 7. 13. 서울 농대 수목원(경기)

큰넓적송장벌레

Eusilpha jakowlew

몸은 검은색으로 약간의 푸른 기가 감돈다. 더듬이의 마지막 5마디는 다른 마디에 견주어 넓어서 언뜻 나비의 더듬이를 연상시킨다. 딱지날개에는 4개의 세로로 융기된 줄이 돋보이는데, 안쪽의 두 줄은 날개 끝까지 뻗어 있다. 어른벌레는 동물의 사체나 배설물에 잘 모이며, 밤에 주로 활동한다. 하지만 한낮에 발견될 때도 있다.

◆ 몸 길이 / 17~23mm
◆ 출현기 / 5~8월
◆ 서식지 / 숲
◆ 국내 분포 / 전국
◆ 국외 분포 / 일본, 중국, 몽골, 인도
※ '넓적송장벌레'는 더듬이의 마지막 4마디가 넓다. 일본에서는 버섯에 오는 경우도 있다고 한다.

◐ 죽음을 맞이하여 개미에게 습격을 당하고 있다. 2004. 7. 23. 고창군 선운사(전북)

◆ 몸 길이 / 8~15mm
◆ 출현기 / 6~9월
◆ 서식시 / 평지, 낮은 산지
◆ 국내 분포 / 전국
◆ 국외 분포 / 일본, 중국, 러시아 동부, 타이완

꼬마검정송장벌레

Ptomascopus morio

몸은 검은색으로 배 이외에는 광택이 강하게 난다. 이마방패는 엷은 붉은색을 띤다. 딱지날개는 배의 절반을 차지하며, 끝이 잘린 듯한 모습이다. 비교적 흔한 종으로, 낮은 산지나 평지의 숲 근처에서 쉽게 볼 수 있다.

반날개과 [Staphylinidae]

딱정벌레 중 큰 과의 하나로 세계에 5만 5천여 종이 알려져 있으며, 우리 나라에 400여 종이 있다. 대부분 3~5mm 정도 크기의 소형종인데, 그보다 작은 종류(1mm 안팎)에서 20mm에 이르는 대형종까지 다양하다. 또, 무리가 크다 보니 생태 특징도 다양하다. 식물, 작은 곤충, 썩은 물질 등을 먹기도 하고, 다른 동물에 공생 또는 기생하는 종류도 있다.

❶ 곳체개미반날개　　　　❷ 청딱지개미반날개　　　　❸ 큰개미반날개
❹ 큰긴머리개미반날개　　❺ 바수염반날개　　　　　　❻ 홍딱지바수염반날개
❼ 극동입치레반날개　　　❽ 가슴반날개　　　　　　　❾ 검붉은딱지왕개미반날개
❿ 노랑털검정반날개　　　⓫ 한국반날개　　　　　　　⓬ 왕반날개
⓭ 홍딱지반날개

⑭ 검은반날개　　　⑮ 남색좀반날개　　　⑯ 해변반날개
⑰ 녹슬은반날개　　⑱ 큰좀반날개　　　　⑲ 좀반날개
⑳ 길쭉좀반날개　　㉑ 붉은테좀반날개　　㉒ 모난좀반날개
㉓ 등줄좀반날개　　㉔ 투구반날개　　　　㉕ 북방알락딱부리반날개

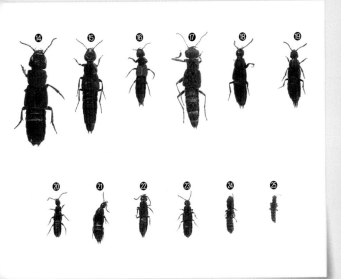

○ 땅바닥을 부지런히 기어간다. 2004. 3. 13. 대부도(경기)

청딱지개미반날개
Paederus fuscipes

머리는 검은색으로 거의 원형에 가깝고, 매끈한 겹눈 사이를 빼고는 큰 홈이 듬성듬성 나 있다. 붉은빛의 앞가슴등판 뒷부분은 약간 좁아지는데, 여기에도 미세한 홈이 퍼져 있다. 푸른색의 딱지날개는 직사각형으로 큰 홈들이 빽빽하고, 희고 가는 털로 덮여 있다. 뒷날개는 완전하다. 논둑의 흙 속에서 겨울을 나는 것을 관찰하였다.

◆ 몸 길이 / 7mm 안팎
◆ 출현기 / 연중
◆ 서식지 / 들판, 논 주변
◆ 국내 분포 / 중부, 남부, 제주도
◆ 국외 분포 / 아메리카 대륙을 제외한 전세계
※ 체액에 독이 있어, 사람의 피부에 닿을 경우 물집이 생길 수 있다.

❖ 죽은 참나무 줄기 속에서 겨울을 난다. 2004. 2. 15. 검단산(경기)

◆ 몸 길이 / 10mm 안팎
◆ 출현기 / 3~9월
◆ 서식지 / 잡목림
◆ 국내 분포 / 중부, 남부
◆ 국외 분포 / 일본
※ 이 무리는 닮은 종이 많아
   구별하기 어려워 전문가의
   도움이 필요하다.

긴머리반날개
Ochthephilum densipenne

전체적으로 검은데, 더듬이와 다리는 황갈색을 띤다. 머리는 가늘고 긴 편이며, 앞가슴의 너비보다 약간 좁다. 앞가슴등판은 앞쪽이 약간 좁다. 딱지날개 부분이 앞가슴보다 약간 긴 편이다. 어른벌레 상태로 겨울을 나며, 죽은 참나무의 줄기 속에 들어가 지낸다.

○ 두엄더미 아래에 많다. 2004. 5. 18. 함백산(강원)

가슴반날개
Algon grandicollis

몸은 검은색으로 머리와 앞가슴등판은 매끈하며 광택이 강하게 난다. 하지만 자세히 보면 머리에는 미세한 홈이 패어 있다. 이 밖의 다른 부위에는 붉은 기가 약간 있으며, 특히 딱지날개 위에는 미세한 홈이 빽빽하게 나 있다. 주로 산지의 동물 배설물이나 두엄더미 아래에서 발견된다.

◆ 몸 길이 / 11.5~13mm
◆ 출현기 / 4~7월
◆ 서식지 / 산지
◆ 국내 분포 / 중부
◆ 국외 분포 / 일본, 중국
※ 손으로 잡을 때 배를 위로 구부리는 습성이 있으며, 독특한 냄새를 풍긴다.

❂ 돌 위에서 쉬고 있다. 2004. 8. 15. 평창군 원동재(강원)

◆ 몸 길이 / 16~19mm
◆ 출현기 / 7~8월
◆ 서식지 / 평지, 낮은 산지
◆ 국내 분포 / 중부
◆ 국외 분포 / 일본, 중국
※ 반날개류는 계통적으로 '송장벌레'와 가까우나 딱지날개가 매우 짧아 구별된다.

노랑털검정반날개
Ocypus weisei

몸은 검은색 바탕에 금색 털로 덮였는데, 머리와 앞가슴등판, 딱지날개, 그리고 제5~6 배마디가 두드러진다. 이 밖에도 특별하게 검은빛만 띠는 부위는 없다. 홈으로 가득 찬 앞가슴등판 중앙에 희미한 띠가 보인다. 주로 경작지 주변과 계류 주위에서 산다. 사진은 계류의 작은 돌 위에 앉아 쉬는 개체를 찍은 것이다. 오래 움직이지 않아 관찰하기 좋았는데, 이런 경우는 매우 드물다.

67

사슴벌레과 [Lucanidae]

수컷의 큰턱은 마치 사슴의 뿔처럼 생겼다. 더듬이의 제1마디가 꽤 길고, 몸은 전체가 납작한 모습이다. 애벌레는 주로 활엽수의 썩은 나무 속에서 목질부를 파먹고 산다. 일반적으로 건조한 환경에서 자란 개체가 작은 경향이 있다. 월동은 애벌레나 어른벌레 상태로 하며, 쓰러져 죽은 나무의 목질부 속에서 지낸다. 전세계에 1000여 종이 분포하며, 우리 나라에 14종이 있다.

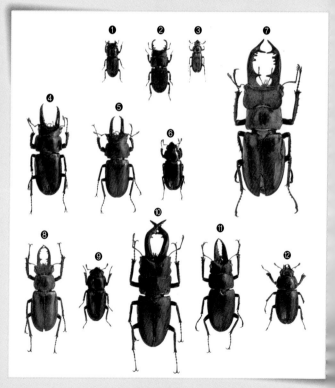

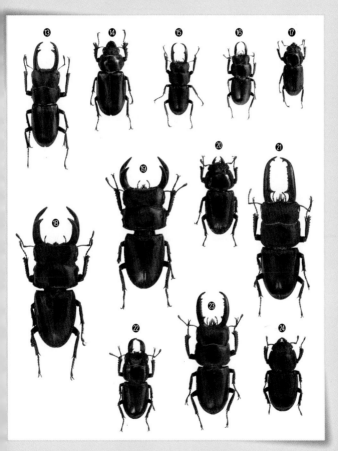

❍ 죽은 참나무 속에서 겨울을 난다. 2004. 5. 9. 가리산(강원)

원표애보라사슴벌레

Platycerus hongwonpyoi

몸은 청람색을 띠는데, 광택이 있어 반짝인다. 보통 알고 있는 사슴벌레와 좀 다르게 생겼다. 수컷도 큰턱이 짧다. 대개 해발 800m 이상의 산지에 많으며, 물푸레나무의 새순에 모여 그 즙을 먹을 때가 많다. 어른벌레는 죽어 넘어진 참나무의 땅에 닿는 부위 목질부 속으로 들어가 겨울을 난다고 한다.

◆ 몸 길이 / 7~11mm 안팎
◆ 출현기 / 5~6월
◆ 서식지 / 낙엽 활엽수림
◆ 국내 분포 / 중부와 남부의 해발 800m 이상
◆ 국외 분포 / 중국 동북부, 러시아(우수리)
※ 과거에는 이 종을 일본종과 혼동하여 '비단사슴벌레'라고 불렀던 적이 있다.

❍ 오래 된 팽나무의 나무 껍질 사이에서 드물게 발견된다. 2000. 9. 10. 안덕 계곡(제주)

◆ 몸 길이 / 수컷 11~22mm,
　암컷 12~17mm
◆ 출현기 / 7~8월
◆ 서식지 / 산지
◆ 국내 분포 / 강원, 전남, 제
　주도
◆ 국외 분포 / 일본, 중국, 타
　이완

꼬마넓적사슴벌레
Aegus laevicollis

　몸은 검은색으로 약한 광택이 있다. 딱지날
개는 골판지처럼 보일 정도로 깊은 홈줄이 두
드러져 보인다. 수컷의 큰턱은 크게 발달하지
않으며, 그 안의 이빨처럼 생긴 돌기는 머리
가까운 부분에 2개가 나 있다. 팽나무 고목과
같은 큰 나무의 구멍 속에 들어 있거나 여러
나뭇진에 모이지만 보기 드문 종이다.

❂ 산골 마을의 가로등 불빛 주위에서 볼 수 있다. 2002. 7. 17. 오대산(강원)

사슴벌레
Lucanus maculifemoratus

여름철에 불을 밝히면 날개 소리를 크게 내며 날아드는 종으로, 수컷의 큰턱이 사슴뿔을 연상시킨다. 몸은 짙은 붉은색과 검은색을 띠는데, 암컷은 보통 붉은색의 비율이 높다. 수컷은 코끼리의 귀처럼 머리 부분이 넓게 늘어났는데, 크기나 생김새가 매우 다양하다. 밤에 참나무류의 진에 모이거나 나무 줄기에 붙어 있는 일이 많다.

◆ 몸 길이 / 수컷 27~51mm, 암컷 25~40mm
◆ 출현기 / 6~9월
◆ 서식지 / 산지
◆ 먹이 식물 / 참나무류나 밤나무의 고목
◆ 국내 분포 / 전국(부속 섬 제외)
◆ 국외 분포 / 일본, 중국 북부, 러시아(연해주)
※ 큰턱이 작은 암컷은 몸이 황금색 잔털로 덮여 있어 다른 종의 암컷과 구별된다.

❶ 수컷의 큰턱은 가늘고 길며 안으로 굽었다. 2001. 8. 4. 제주도. 민완기 제공

◆ 몸 길이 / 수컷 38mm 안팎
◆ 출현기 / 7~9월
◆ 서식지 / 평지
◆ 국내 분포 / 제주도
◆ 국외 분포 / 중국, 타이완, 네팔, 몽골

※ 제주도에서만 볼 수 있는 종으로 서귀포 지역에서 가끔 관찰된다. 환경부 지정 멸종 위기 야생 동물 Ⅰ급

두점박이사슴벌레
Prosopocoilus blanchardi

몸은 황갈색 또는 밤갈색으로, 앞가슴등판 가운데에 세로줄과 양 옆의 점무늬가 있으며, 딱지날개의 봉합선과 가장자리의 줄무늬는 검다. 수컷의 큰턱은 가늘고 길며, 둥글게 안으로 굽었다. 큰턱의 안쪽에는 넓고 뾰족한 이빨이 머리 쪽에 나 있고, 4개 정도의 날카로운 이빨은 끝 쪽에 나 있다. 드문 종으로, 밤에 나뭇진에 모인다.

73

❁ 수컷의 큰턱은 앞으로 굽어 있다. 1991. 7. 17. 주금산(경기)

톱사슴벌레

Prosopocoilus inclinatus

수컷의 큰턱은 안쪽과 아래쪽으로 완만하게 굽어졌는데, 톱날 같은 작은 이빨이 빽빽이 나 있다. 몸은 흑갈색 또는 적갈색을 띤다. 참나무 진에 잘 날아오며, 어두워질 무렵 등불에도 잘 날아드는데, 낮에는 참나무 나무 껍질 사이에 들어가 숨어 있는 경우가 많다. 암컷은 참나무 류의 고목 속에 알을 낳는데, 그 속에서 애벌레 로 1~2년 정도 지내다가 어른벌레가 된다.

◆ 몸 길이 / 수컷 23~40mm, 암컷 27~30mm
◆ 출현기 / 6~9월
◆ 서식지 / 산지나 평지의 숲
◆ 국내 분포 / 전국
◆ 국외 분포 / 일본, 중국 동 북부
※ 몸 색깔이나 수컷의 뿔 크 기, 모양의 변이가 많다.

🔴 건드리면 머리를 위로 뻗대는 행동을 한다. 2004. 8. 11. 지리산 노고단(전북)

◆ 몸 길이 / 11~17mm
◆ 출현기 / 7~9월
◆ 서식지 / 산지
◆ 국내 분포 / 전국
◆ 국외 분포 / 일본(대마도),
  중국 동북부, 러시아(시베
  리아 동부)
※ 애벌레는 썩은 나무 줄기
  속에서 발견된다.

다우리아사슴벌레
Prismognathus dauricus

몸은 광택이 강한 적갈색 또는 흑갈색을 띠
는데, 대개 암컷이 더 검다. 머리 부분 앞쪽은
바깥쪽으로 튀어나오고, 머리 위는 삼각 모양
으로 들어가 있다. 수컷의 큰턱은 다른 사슴벌
레보다 보잘것이 없어 보이지만 작은 이빨이
촘촘히 많이 나 있어 톱날 같다. 여름에 산지
에서 불을 켜면 사슴벌레 중 가장 많이 날아드
는데, 강원도와 제주도에 특히 많다.

❍ 참나무 고목을 좋아한다. 2001. 6. 9. 수원(경기)

애사슴벌레
Macrodorcas recta

사슴벌레 중 작고 날씬해 보이는 종류로 몸은 검은색이다. 큰턱은 둥글게 보이고 중간 앞쪽에 큰 이빨이 하나 있다. 암컷의 큰턱은 크게 발달하지 않고 흔적만 약간 보일 뿐이다. 어른벌레는 늦봄부터 초가을까지 보이는데, 주로 참나무가 많은 장소에서 쉽게 만날 수 있다. 밤에 불을 켜면 날아든다.

◆ 몸 길이 / 수컷 17~32mm, 암컷 12~28mm
◆ 출현기 / 6~9월
◆ 서식지 / 산지나 평지의 숲
◆ 국내 분포 / 전국
◆ 국외 분포 / 일본, 중국 동북부
※ 암컷의 이마에 작은 돌기가 2개 나 있다.

❍ 보기가 쉽지 않다. 2004. 7. 22. 고창군 선운사(전북)

◆ 몸 길이 / 27~53mm
◆ 출현기 / 7~8월
◆ 서식지 / 산지
◆ 국내 분포 / 북부, 중부, 남부
◆ 국외 분포 / 일본, 중국
※ '왕사슴벌레'의 애벌레를
 위하여 상수리나무 톱밥에
 버섯의 균사를 넣은 전용
 먹이가 판매되고 있다.

왕사슴벌레
Dorcus hopei

몸은 광택이 나는 검은색을 띤다. 강인해 보이는 큰턱이 둥글게 안쪽으로 굽은 모양새가 예뻐서 사슴벌레 중 가장 인기 있는 종이다. 암컷은 딱지날개에 긴 세로 홈줄이 발달하여 다른 종과 쉽게 구별된다. 주로 밤에 활동하며 불빛 주위로 날아드는데, 큰 수컷은 자연에서 만나기가 쉽지 않다. 어른벌레의 수명은 3~4년 정도로 매우 길다.

● 참나무 진을 찾아온 수컷. 2003. 7. 13. 주금산(경기)

넓적사슴벌레

Serrognathus platymelus

몸은 전체적으로 검은색을 띠며 납작하다. 큰턱은 길고 평행하며, 머리 쪽에서 전체 1/4 부분에 큰 이빨이 두드러지고, 그 끝 쪽으로 가면서 작은 이빨이 조밀하다. 밤에 참나무류의 진이나 발효된 과일에 잘 모이며, 낮에 나무 줄기에 붙어 있는 경우도 있다. 수컷끼리 경쟁은 매우 심한데, 닮은 종들보다 우위에 서는 일이 많다.

◆몸 길이 / 수컷 20~53mm,
 암컷 20~35mm
◆출현기 / 6~9월
◆서식지 / 산지나 평지의 숲
◆국내 분포 / 전국
◆국외 분포 / 일본 대마도,
 중국
※가장 흔하며 닮은 종으로
 는 '참넓적사슴벌레'가 있
 는데, 이마방패가 거의 네
 모이고 뒷종아리마디에 가
 시돌기가 있어 구별된다.

○ 사슴벌레류의 암컷은 큰턱이 작다. 1998. 7. 28. 어리목(제주)

○ 사슴벌레 중에서 가장 흔하다.
2003. 7. 9. 광릉(경기)

○ 큰턱이 거의 평행이다.
2001. 6. 9. 수원(경기)

사슴벌레붙이과 [Passalidae]

'사슴벌레'와 닮아 보이나 큰턱이 아주 작고, 더듬이는 끝 쪽의 3~6마디가 안쪽으로 조각이 난 것처럼 보이며, 자유롭게 구부러진다. 썩은 참나무 줄기에서 무리지어 생활하는데, 어른벌레가 목질부를 큰턱으로 부수어 놓으면 애벌레가 그 조각을 먹는, 사회성이 강한 종이다. 열대 지방에 500여 종이 분포하며, 우리 나라에는 1종만이 알려져 있다.

○ 아직까지 광릉 이외에서는 발견되지 않았다. 2003. 5. 13. 광릉(경기)

사슴벌레붙이
Leptaulax koreanus

몸은 검은색으로 광택이 난다. 얼핏 보면 넓고 길게 보이는데, 사슴벌레과와 비슷하게 생겼다. 특히 앞가슴등판의 양 옆은 거의 평행한 느낌이다. 딱지날개는 광택이 강하고, 홈줄이 도랑처럼 뚜렷하다. 유일하게 광릉에서만 기록되어 있는데, 맑은 날 해가 비치는 양지 쪽에 2m 정도 높이로 날아다니는 일이 많다.

◆ 몸 길이 / 18.7~21mm
◆ 출현기 / 5월
◆ 서식지 / 참나무가 많은 광릉 숲
◆ 국내 분포 / 경기도 광릉
◆ 국외 분포 / 한국 고유종
※ 나뭇진에도 모인다고 하나 아직 확인하지 못했다.

송장풍뎅이과 [Trogidae]

타원형이면서 등이 볼록한 몸을 가졌으며, 더듬이는 모두 10마디이다. 동물의 굴이나 맹금류의 둥지 등에서 마른 똥을 먹고 산다. 세계에 200여 종, 우리나라에 10종이 있다.

❶ 녹색 잎에 앉으면 눈에 잘 띈다. 2004. 4. 17. 주금산(경기)

◆ 몸 길이 / 5.8mm 안팎
◆ 출현기 / 4~6월
◆ 서식지 / 산 가장자리
◆ 국내 분포 / 중부, 제주도
◆ 국외 분포 / 러시아(우수리)
※ 꽤 드문 종이다.

갈색테송장풍뎅이
Trox vimmeri

몸은 검은색이지만 회황색 가루가 덮여 있어 조금 옅어 보인다. 앞가슴등판 가장자리는 편평해 보인다. 딱지날개는 융기부가 동그랗고 털다발이 나 있다. 산 가장자리의 풀잎 위에 앉아 있는데, 이렇게 낮에 보이는 경우는 드물고, 밤에 활동하는 것으로 보인다.

금풍뎅이과 [Geotrupidae]

　소똥구리와 가까운 무리이다. 더듬이는 대개 11마디로 되어 있다. 몸의 등 쪽이 보라색, 남색, 금동색, 녹색을 머금은 구릿빛 등 다양한 금속 광택이 나므로 매우 아름다운 종류가 많다. 산지의 동물이나 사람의 배설물 속에서 발견되는데, 장소에 따라 많은 수를 볼 수 있다. 세계에 600여 종이 알려져 있으며, 우리 나라에 4종이 분포한다.

❶~❷ 보라금풍뎅이　　　　　　　　❸~❹ 참금풍뎅이

⊙ 보는 각도에 따라 무지갯빛으로 보인다. 2003. 7. 29. 점봉산(강원). 강의영 제공

◆ 몸 길이 / 14~20mm

◆ 출현기 / 6~9월

◆ 서식지 / 산지

◆ 국내 분포 / 전국

◆ 국외 분포 / 일본, 러시아 (연해주)

※ 이 밖에도 우리 나라에는 '북방보라금풍뎅이(*Eogeotrupes laevistriatus*)'의 기록도 있으나 '보라금풍뎅이'와 혼동되며, 특징에 대한 검토가 더 필요하다.

보라금풍뎅이
Chromogeotrupes auratus

몸은 검은색으로 보랏빛 광택을 띠지만 보석처럼 보는 각도에 따라 빛깔이 변한다. 수컷의 종아리마디에 4개 정도의 작은 돌기가 나 있다. 흔하지 않은 종으로, 산림 지역에서 드물게 관찰되었다. 하지만 최근에 사람의 배설물을 좋아하는 특징과 더불어 새로운 분포지가 알려지고 있다. 알은 배설물 속에 낳아 애벌레의 보금자리 겸 먹이로 활용된다. 월동은 어른벌레 상태로 하는데, 야외에서 아직 확인되지 않고 있다.

소똥구리과 [Scarabaeidae]

　동물의 배설물을 청소하는 곤충으로 유명하며, 요즈음 방목하는 소나 말이 줄어듦에 따라 이 무리의 개체 수가 부쩍 줄어들고 있다. 이 무리 중 소똥구리는 배설물을 둥글게 구슬처럼 빚어 그 속에 알을 낳는 습성이 있는데, 과거 우리 나라에 흔했으나 요즈음은 발견되지 않고 있다. 대부분 똥 속이나 그 아래 땅 속에서 애벌레가 산다. 이들 중에는 대부분 '-소똥풍뎅이'로 끝나는 이름이 많다. 우리 나라에 33종이 있다.

❶ 긴다리소똥구리　　　❷~❸ 뿔소똥구리　　　❹~❺ 애기뿔소똥구리
❻~❼ 창뿔소똥구리　　　❽~❾ 소요산소똥풍뎅이　　　❿ 렌지소똥풍뎅이
⓫ 황소뿔소똥풍뎅이　　　⓬~⓭ 점박이외뿔소똥풍뎅이
⓮ 은색꼬마소똥구리　　　⓯ 모가슴소똥풍뎅이

❂ 소를 방목하는 곳에서만 볼 수 있다. 1999. 9. 3. 수원(경기)

◆ 몸 길이 / 14~16mm

◆ 출현기 / 4~10월

◆ 서식지 / 평지나 야산의 풀밭

◆ 국내 분포 / 전국

◆ 국외 분포 / 일본(대마도), 중국, 타이완

※ 어미가 만든 똥구슬 속에서 애벌레가 자란다. 환경부 지정 멸종 위기 야생 동식물 Ⅱ급

애기뿔소똥구리
Copris tripartitus

몸은 광택이 강한 검은색이며, 수컷의 머리에는 위로 솟은 뿔이 뾰족하게 발달하나 암컷에서는 아주 작다. '뿔소똥구리(*Copris ochus*, 몸 길이 18~28mm)'와 닮았으나 훨씬 작고, 딱지날개 홈줄이 뚜렷하며, 앞다리 종아리마디 바깥쪽으로 4개의 가시돌기가 나 있어 구별하기 쉽다. 소와 말의 똥을 땅 밑으로 굴을 파고 옮겨 먹거나 둥근 구슬을 만들어 알을 낳는다. 밤에 불빛에 잘 날아든다.

❂ 소똥 속에 파묻혀 있다. 2000. 9. 28. 인제군 상남면(강원)

소요산소똥풍뎅이
Onthophagus japonicus

몸은 광택이 강한 검은색이며, 딱지날개는 황갈색 바탕에 드문드문 검은색 무늬가 있다. 수컷은 앞가슴등판이 높이 솟아 있고, 앞쪽 양 옆으로 가시처럼 돌출하나 암컷은 그렇지 않다. 어른벌레는 주로 소똥에 날아와 그 속에서 지내는데, 가끔 사람의 배설물에도 모인다.

◆ 몸 길이 / 7~11mm
◆ 출현기 / 3~12월
◆ 서식지 / 평지나 야산의 풀밭
◆ 국내 분포 / 전국
◆ 국외 분포 / 일본, 타이완

❀ 앞가슴등판이 모가 나 있다. 2000. 5. 19. 평택(경기)

◆ 몸 길이 / 7~11mm
◆ 출현기 / 3~10월
◆ 서식지 / 평지나 산지의 풀밭
◆ 국내 분포 / 전국
◆ 국외 분포 / 일본, 중국(중
  부, 북부)
※ '혹가슴검정소똥풍뎅이'가 이
  종과 비슷한데, 앞가슴등판
  중앙에 혹이 솟아올라 있다.

모가슴소똥풍뎅이
Onthophagus fodiens

몸은 검은색으로 광택이 약한 편이다. 수컷
은 앞가슴등판이 높이 솟아올랐으나 양쪽으로
심하게 경사져서 삼각 모양이다. 암컷은 앞가
슴등판이 둥글고 곰보 모양의 작은 홈이 빽빽
한 모습이다. 말이나 소똥에 날아들며, 때에
따라 개똥이나 동물성 오물에도 모여든다.

똥풍뎅이과 [Aphodidae]

소형의 청소 곤충으로, 동물의 배설물 속에서 주로 발견되나 바닷가와 강가의
모래밭에 사는 종류도 있다. 따라서 한국명에는 '-똥풍뎅이', '-모래풍뎅이'라는
이름이 붙는다. 큰턱과 윗입술
은 막질이며, 이마방패로 덮여
있다. 더듬이는 모두 9마디이
다. 우리 나라에 53종이 있다.

❶ 왕똥풍뎅이
❷ 왕좀똥풍뎅이
❸ 큰점박이똥풍뎅이

검정풍뎅이과 [Melolonthidae]

풍뎅이 무리에서 한 쌍의 발톱 생김새가 같아서 비슷하게 생긴 풍뎅이과의 종들과 구별된다. 밤에 생활하는 무리로, 해질 무렵 낙엽이나 땅 속에서 기어 나와 날아다닌다. 따라서 밤에 불을 켜면 몰려든다. 애벌레는 풀이나 나무 뿌리를 먹는다. 배의 아래쪽으로 마디의 경계가 뚜렷하지 않다. 우리 나라에 55종이 있다.

❶ 주황긴다리풍뎅이	❷ 점박이긴다리풍뎅이	❸ 큰다색풍뎅이
❹∼❺ 큰검정풍뎅이	❻ 참검정풍뎅이	❼ 고려다색풍뎅이
❽ 쌍색풍뎅이	❾ 왕풍뎅이	❿∼⓫ 줄우단풍뎅이

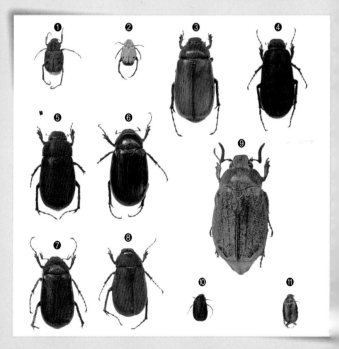

○ 날다가 마른 나뭇가지에 앉는다. 1999. 5. 28. 여주(경기)

◆ 몸 길이 / 7~10mm
◆ 출현기 / 4~9월
◆ 서식지 / 낙엽 활엽수림
◆ 국내 분포 / 전국
◆ 국외 분포 / 일본, 중국, 러시아(사할린, 시베리아)
※ 2004년 6월경 물푸레나무에서 떼를 지어 잎을 갉아 먹는 장면이 목격되었다.

주황긴다리풍뎅이
Ectinohoplia rufipes

몸의 등 쪽은 황토색 비늘로 덮여 있는데, 딱지날개 쪽으로 흑갈색 무늬가 희미하게 구부러져 나타난다. 뒷다리의 발톱이 갈라지지 않아서 단순하게 생겼다. 손으로 만지면 등에 난 비늘이 묻어나면서 몸의 검은색이 드러난다. 어른벌레는 여러 꽃 위로 날아오기도 하고 풀잎 위에 앉아 있기도 한다. 애벌레는 여러 식물의 뿌리를 먹는 것으로 알려져 있다.

89

❶ 밤에 불빛에 날아든다. 2004. 6. 18. 영양군 수비 계곡(경북)

빨간색우단풍뎅이

Maladera verticalis

몸은 어두운 적갈색으로 진주빛 광택을 약하게 머금는다. 눈은 약하게 튀어나오고 어둡게 보인다. 앞가슴등판 양 옆의 중간에 검은색 점무늬가 나타나며, 홈줄은 비교적 골이 깊다. 뒷다리넓적다리마디가 눈에 띄게 넓다. 밤에 불빛에 날아들며, 그 주위에 앉아 있는 일이 많다. 꽤 흔한 종으로, 전국 어디서나 보인다.

◆ 몸 길이 / 8~9.5mm
◆ 출현기 / 5~10월
◆ 서식지 / 산지
◆ 국내 분포 / 전국
◆ 국외 분포 / 중국 동북부, 몽골
※ 전국적으로 보면 7~8월에 가장 많이 나온다.

◯ 잎맥 사이에 머리를 숙이고 뒷다리 발톱으로 닻을 내리듯이 한다. 2004. 6. 11. 울산광역시

◆ 몸 길이 / 6~8.5mm

◆ 출현기 / 4~10월

◆ 서식지 / 산 가장자리

◆ 국내 분포 / 북부, 중부, 남부

◆ 국외 분포 / 중국 동북부

※ 몸 겉면에 작은 비늘 같은
것이 덮여 있어, 감촉 좋은
'우단'을 연상하여 '우단풍
뎅이'라는 이름이 붙었다.

줄우단풍뎅이

Gastroserica herzi

몸은 황갈색 바탕에 머리의 앞과 뒤가 녹색이 감도는 검은색이고, 앞가슴등판에 2개의 굵은 세로줄 무늬가 있다. 딱지날개의 봉합선 양쪽으로 검은 무늬가 나타나지만, 약하거나 없거나 또는 아예 검게 된 개체도 있다. 앞가슴등판의 양 옆이 모서리가 진다. 산길 가의 개망초 꽃 위나 다른 활엽수의 잔가지 밑동, 잎의 주맥 등에 박힌 듯이 붙어 있다. 잎 위에서 자주 발견된다.

○ 뚱뚱하지만 발톱이 날카로워 무엇이든지 잘 붙잡는다. 2001. 4. 24. 새동(제주)

큰다색풍뎅이

Helotrichia niponensis

몸은 엷은 갈색 또는 적갈색을 띠는데, 배쪽에서 색이 더 엷어진다. 딱지날개는 보는 각도에 따라 무지갯빛 광택이 난다. 수컷 더듬이에서 곤봉 모양을 한 부분이 자루마디 길이의 절반 정도이다. 또 배 뒤쪽이 수컷은 넓어 보이나 암컷은 약간 뾰족하게 생겼다. 우리 나라에 서식하는 이 속의 종들 가운데 가장 크다.

◆ 몸 길이 / 17.5~22.5mm
◆ 출현기 / 3~8월
◆ 서식지 / 낙엽 활엽수림
◆ 국내 분포 / 전국
◆ 국외 분포 / 일본, 중국, 러시아(시베리아 동부)
※ 어른벌레는 여러 활엽수의 잎을 먹으며 밤에 등불에 모인다.

○ 등면이 검고 광택이 난다. 2001. 5. 15. 논산(충남)

◆ 몸 길이 / 16~21mm

◆ 출현기 / 3~10월

◆ 서식지 / 낙엽 활엽수림

◆ 국내 분포 / 전국

◆ 국외 분포 / 일본, 중국 동북부, 러시아(시베리아 동부), 몽골

※ 검정풍뎅이 무리는 구별이 어려워 전문가의 도움이 필요하다.

참검정풍뎅이
Holotrichia diomphalia

전체가 통통한 느낌이 드는 종류로 검정풍뎅이 중에서 몸의 광택이 가장 강하다. 딱지날개에는 희미하게 세로로 융기된 줄이 있다. 배끝마디의 등판(미절판)이 중간 뒤쪽으로 불룩 솟아 있고, 그 안으로 길게 조금 패어 있어 닮은 종들과 구별된다. 흔한 종으로, 주로 밤에 활동하는데, 불을 켜면 날아든다. 애벌레는 땅 속에서 여러 식물의 뿌리를 먹는 것으로 알려져 있다.

93

❶ 밤에 불빛 아래에 떨어져 있다. 2004. 6. 22. 정자 해변(울산광역시)

고려노랑풍뎅이
Metabolus impressifrons

몸은 황갈색으로 등면은 매끈하지만 가슴
의 배 쪽에 긴 노란색 털이 나 있다. 비교적 큰
종으로, 머리에는 융기된 곳과 함몰된 곳이 있
으며, 이마방패에는 홈이 작고 드물다. 더듬이
는 9마디이다. 딱지날개는 가슴 너비의 2배이
며, 앞가슴등판보다 가는 홈이 빽빽하게 보인
다. 밤에 활동하며 불빛에 날아든다.

◆ 몸 길이 / 10~15mm
◆ 출현기 / 4~10월
◆ 서식지 / 산지
◆ 국내 분포 / 전국
◆ 국외 분포 / 일본, 중국
※ 아주 흔한 종은 아니다.

○ 야행성이다. 2001. 5. 15. 논산(충남)

◆ 몸 길이 / 11.5~14mm
◆ 출현기 / 4~9월
◆ 서식지 / 낙엽 활엽수림
◆ 국내 분포 / 전국
◆ 국외 분포 / 중국

황갈색줄풍뎅이
Sophrops striata

몸은 광택이 없는 갈색을 띠나 머리와 앞가슴등판은 적갈색 또는 흑갈색을 띤다. 다리는 짙은 갈색이다. 전체가 긴 원통형이다. 이마방패는 짧고 넓으며, 앞 가장자리로 깊게 팬다. 활엽수의 잎을 먹는 것으로 알려졌는데, 애벌레는 여러 식물의 뿌리를 먹는다.

풍뎅이과 [Rutelidae]

검정풍뎅이류와 달리 한 쌍의 발톱 생김새가 서로 다르며, 낮에 활동하는 종류가 많다. 또 금속성의 광택을 가진 종들이 많다. 식물의 잎이나 꽃잎을 잘 먹는다. 애벌레는 뚱뚱해 보이면서 다리가 짧으며, 특히 등이 굽어 '굼벵이'로 불리기도 한다. 애벌레는 썩은 식물질의 뿌리와 목질부를 먹어 자란다. 우리 나라에 35종이 있다.

❶~❷ 주둥무늬차색풍뎅이 ❸ 콩풍뎅이   ❹~❺ 참콩풍뎅이
❻ 녹색콩풍뎅이   ❼ 참나무장발풍뎅이   ❽ 어깨무늬풍뎅이
❾~❿ 등얼룩풍뎅이

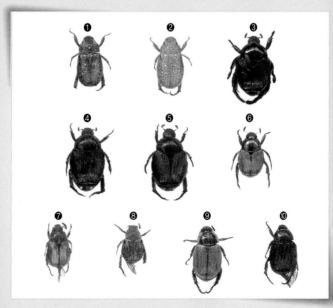

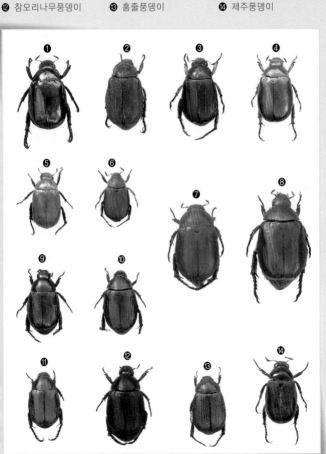

❶ 수컷이 업히듯 있는 경우가 많다. 2001. 5. 30. 한택식물원(경기)

주둥무늬차색풍뎅이

Adoretus tenuimaculatus

몸은 적갈색이 많으나 간혹 흑갈색인 것도
있으며, 대부분 몸 전체가 황백색의 짧은 털로
덮여 있다. 특히 딱지날개에는 황백색의 작은
털뭉치로 된 점무늬가 4줄로 줄지어 있는데,
이것이 벗겨져서 잘 구분되지 않는 경우도 있
다. 활엽수 잎을 먹지만 주로 밤나무나 상수리
나무에서 흔히 관찰된다. 애벌레는 땅 속에서
여러 식물의 뿌리를 갉아먹는다.

◆ 몸 길이 / 9~14mm
◆ 출현기 / 5~9월
◆ 서식지 / 낙엽 활엽수림
◆ 국내 분포 / 전국
◆ 국외 분포 / 일본, 타이완
※ 아주 흔한 종으로, 주로 5
월 말에 나타나기 시작하여
6월에 가장 많이 보인다.

◐ 꽃 위에서 짝짓기가 이루어진다. 1997. 6. 7. 영월(강원)

◆ 몸 길이 / 10~15mm

◆ 출현기 / 4~10월

◆ 서식지 / 산지

◆ 국내 분포 / 전국

◆ 국외 분포 / 중국, 러시아
   (연해주), 베트남

※ 거의 같은 모습이지만 배
   끝마디의 등판에 흰 털로
   된 점무늬가 없으면 '콩풍
   뎅이'이다.

참콩풍뎅이
Popillia flavosellata

　몸은 남색을 머금은 검은색으로 광택이 두드러진다. 간혹 딱지날개 앞쪽으로 넓게 적갈색을 띠는 일도 있다. 가장 눈에 띄는 특징은 각 배마디 양 옆으로 흰 털로 된 점무늬가 있으며, 딱지날개 밖으로 삐져 나온 배끝마디의 등판(미절판) 부분에 흰 털로 된 2개의 점무늬가 있다. 어른벌레는 꽃에 날아오는 경우가 많지만, 활엽수 중에서 참나무류, 벚나무류, 느릅나무류의 잎을 먹기도 한다.

◐ 놀라면 사진처럼 머리를 아래로 처박고 뒷다리를 뻗친다. 2004. 9. 5. 주금산(경기)

콩풍뎅이

Popillia mutans

‘참콩풍뎅이’와 닮은 모습을 하고 있다. 앞항에서도 소개하였듯이 배마디 가장자리에 흰털이 보이지 않아 차이가 난다. 이 종은 7~8월에 흔히 보이며 6~7월에 많은 ‘참콩풍뎅이’와 출현 시기가 조금 다르다. 개망초, 큰까치수영, 고삼 등의 꽃에 잘 날아오며, 칡이나 활엽수의 잎 위에 앉아 있기도 한다.

◆ 몸 길이 / 10~13mm
◆ 출현기 / 4~11월
◆ 서식지 / 평지나 낮은 산지
◆ 국내 분포 / 전국
◆ 국외 분포 / 중국, 러시아 (아무르), 필리핀, 베트남

❶ 하천변에도 많다. 2004. 7. 11. 중랑천(서울)

◆ 몸 길이 / 9~12mm
◆ 출현기 / 5~10월
◆ 서식지 / 풀밭
◆ 국내 분포 / 전국
◆ 국외 분포 / 중국, 타이완, 베트남
※ 과거에는 '왜콩풍뎅이(P. japonica)'로 알려져 있었으나, 우리 나라에는 없는 종으로, 모두 '녹색콩풍뎅이'로 밝혀졌다.

녹색콩풍뎅이
Popillia quadriguttata

　머리와 앞가슴등판은 광택이 강한 녹색 또는 짙은 구릿빛인데, 딱지날개는 황갈색으로 예쁜 종이다. 다리는 보랏빛이 감도는 검은색이다. 어른벌레는 밝게 트인 풀밭의 여러 꽃 위에서 많이 볼 수 있다. 한 장소에 많이 몰려 있는 경우가 많다. 애벌레는 땅 속에 살며 여러 식물의 뿌리를 먹고 자란다.

◐ 메꽃 위에서 가끔 발견된다. 2003. 7. 24. 방태산(강원)

등얼룩풍뎅이

Blitopertha orientalis

몸은 '연노랑풍뎅이'와 비슷한데, 딱지날개의 검은색 얼룩무늬가 발달하여 구별된다. 하지만 무늬가 흰색이거나 없기도 하며, 몸 전체가 검게 되기도 해서 구별이 쉽지 않을 때가 많다. 좀더 정확한 구별점으로는 돋보기로 앞가슴등판 기부의 점각을 보아, 그 모양이 아령 같으면 '등얼룩풍뎅이'이다. 어른벌레는 활엽수의 잎에 앉아서 잎을 먹는 일이 많으며, 애벌레는 땅 속에서 뿌리를 갉아먹는다.

◆ 몸 길이 / 8~13mm
◆ 출현기 / 3~11월
◆ 서식지 / 산지의 풀밭
◆ 국내 분포 / 전국
◆ 국외 분포 / 일본, 미크로네시아, 하와이, 북아메리카
※ 이동하기 전에 더듬이의 끝마디를 삼지창처럼 펼치고 주변을 탐색한다.

◐ 여러 나뭇잎이나 풀잎 위에서 발견된다. 2000. 6. 14. 수원(경기)

◆ 몸 길이 / 8~11mm
◆ 출현기 / 4~10월
◆ 서식지 / 낮은 산지
◆ 국내 분포 / 북부, 중부, 남부
◆ 국외 분포 / 일본, 중국 북부, 러시아(시베리아)
※ 봄에 땅 속에서 나와 활동한다.

어깨무늬풍뎅이
Blitopertha conspurcata

몸은 흰색 또는 검은색을 띤 노란색의 긴 털로 덮여 있으며, 등 쪽은 구릿빛을 띤 검은색이고, 딱지날개는 황갈색 바탕에 갈색 무늬가 가늘게 퍼져 있다. 딱지날개가 짧아서 배끝이 노출되는 경우가 많다. 활엽수 잎에 앉아 있는 일이 많으며, 웬만큼 건드려도 동요하지 않는다. 애벌레는 여러 식물의 뿌리를 먹는 것으로 알려져 있다.

❍ 싸리꽃에 앉아 있다. 2001. 6. 3. 금강 유원지(충남)

풍뎅이

Mimela splendens

우리 나라 풍뎅이류 중 가장 광택이 강한 종류로, 녹색이 선명하여 어느 나뭇잎에 앉아 있어도 금방 눈에 띈다. 활엽수 잎에 앉아 있을 때에는 더듬이를 펴는 일이 드물다. 어른벌레는 활엽수의 잎과 꽃을 먹는데, 밤에 불빛에 날아들지 않는다. 애벌레는 흙 속에서 풀뿌리와 부식토를 먹고 산다. 전국에 분포하나, 남부 지방이나 섬 지역에 개체 수가 특히 많다.

◆ 몸 길이 / 15~21mm
◆ 출현기 / 4~11월
◆ 서식지 / 산지, 평지, 섬
◆ 국내 분포 / 전국
◆ 국외 분포 / 일본, 중국, 타이완, 인도차이나
※ 풀숲에서 머리와 앞가슴만 내놓고 쉬는 경우가 많으며, 충격을 주면 아래로 떨어진다.

◉ 등면에 융기된 줄이 두드러진다. 2001. 6. 25. 한택식물원(경기)

◆ 몸 길이 / 14~20mm
◆ 출현기 / 5~11월
◆ 서식지 / 산지나 평지의 숲 가장자리
◆ 국내 분포 / 전국
◆ 국외 분포 / 일본, 중국, 러시아(아무르)

별줄풍뎅이
Mimela testaceipes

등 쪽은 편평하고 뒤로 갈수록 더 넓어지는데, 바탕색은 전체가 녹색을 띠며 광택이 약하다. 가끔 황갈색을 띠는 등 색채 변이가 있다. 딱지날개에 있는 세로로 융기된 줄은 4개가 뚜렷하게 보인다. 이마방패는 앞쪽으로 좁아지는 느낌이다. 어른벌레는 주로 낮은 산지의 풀밭에서 보이는 일이 많은데, 먹잇감으로 침엽수의 잎을 주로 이용한다.

105

● 우리 나라에서 유일하게 등면이 노란색 광택이 난다. 2001. 6. 25. 한택식물원(경기)

등노랑풍뎅이
Spilota plagiicollis

몸은 노란색으로 등 쪽으로 둥글게 부풀어 있고, 다리는 구릿빛을 머금은 검은색으로 되어 있어서 한눈에 '등노랑풍뎅이'임을 알 수 있다. 밤에 불빛에 잘 날아들며, 불빛 주위에 여러 마리가 붙어 있는 경우가 많다. 이 종의 생태에 관해서는 알려진 것이 별로 많지 않다. 비가 오면 나뭇잎 아래에 숨는 모습을 볼 수 있다.

◆ 몸 길이 / 12~18mm
◆ 출현기 / 5~10월
◆ 서식지 / 낮은 산지
◆ 국내 분포 / 전국
◆ 국외 분포 / 중국, 러시아
　(시베리아 동부)
※ 밤중에 불빛에서 쉽게 만날 수 있으며, 구별하기도 쉽다.

◐ 흙바닥을 기어간다. 2003. 5. 9. 광릉(경기)

◆ 몸 길이 / 11~14mm
◆ 출현기 / 4~10월
◆ 서식지 / 산지나 강가의 풀밭
◆ 국내 분포 / 전국
◆ 국외 분포 / 중국 북부

대마도줄풍뎅이
Anomala sieversi

딱딱한 느낌이 드는 등은 뒤쪽이 넓어 보이며 약간 편평하다. 또 광택이 약하게 나는 녹색이나 진한 녹색을 띠는 일이 많다. 간혹 적갈색이나 검붉은색을 띠기도 해 개체 변이가 많은 편이다. 앞가슴등판, 배끝마디의 등판(미절판), 배 아랫면은 황백색의 긴 털이 빽빽하게 나 있다. 주로 산지의 확 트인 풀밭이나 강가의 개활지에서 볼 수 있다.

장수풍뎅이과 [Dynastidae]

대형 곤충으로, 그 가운데 '장수풍뎅이'는 애완 곤충으로 이름이 나 있다. 어른벌레는 상수리나무 진에 모이는 일이 많고, 주로 밤에 활동하므로 불빛에 잘 날아든다. 큰턱은 잎새처럼 넓으며, 보통 안쪽에 이빨돌기가 나 있다. 이마방패는 밖으로 노출되어 있다. 우리 나라에 3종이 있다.

❶ 외뿔장수풍뎅이   ❷ 둥글장수풍뎅이   ❸~❹ 장수풍뎅이

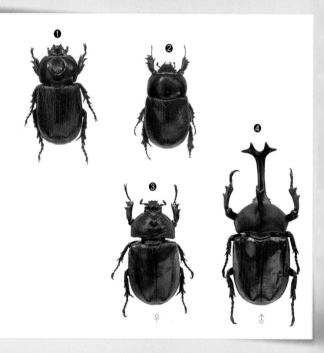

우   ♂

● 우리 나라 풍뎅이류 중에서 가장 크다. 2002. 5. 15. 수원(경기) (사육)

◆ 몸 길이 / 30~55mm

◆ 출현기 / 7~9월

◆ 서식지 / 낙엽 활엽수림

◆ 국내 분포 / 전국에 분포하나 주로 남부와 제주도

◆ 국외 분포 / 일본, 중국, 타이완, 인도차이나

※ 애벌레는 낙엽이 두껍게 쌓인 곳에서 살며, 퇴비로 기를 수 있다.

장수풍뎅이

Allomyrina dichotoma

우리 나라 풍뎅이 중에서 가장 크며, 딱정벌레류 중에서도 큰 편이다. 몸은 흑갈색 또는 적갈색을 띠며, 단단하고 뚱뚱한 느낌이 든다. 암컷과 달리 수컷은 이마와 앞가슴등판에 뿔이 나 있는데, 이마의 뿔은 앞가슴등판의 뿔보다 훨씬 길며, 그 끝이 사슴뿔처럼 갈라졌다. 야행성으로 등불에 잘 날아들며, 특히 밤에 참나무 진에 날아와 수컷끼리 자리다툼을 하는 등 활동적이지만, 낮에는 나무 뿌리 근처의 낙엽 아래 또는 나뭇가지에 매달려 가만히 있다.

꽃무지과 [Cetoniidae]

　어른벌레는 낮에 꽃에 파묻힌 듯이 머리를 처박고 있어 '꽃무지'로 불리나 수액이나 썩어 가는 과일을 좋아하는 종도 있다. 애벌레는 두엄이나 썩은 나무 등 부식질을 먹고 자란다. 눈의 앞쪽 이마방패와 양 옆이 패어, 위에서 보면 더 듬이의 밑이 보인다. 우리 나라에 19종이 있다.

❶~❷ 넓적꽃무지　　　　❸ 호랑꽃무지　　　　❹ 큰자색호랑꽃무지
❺ 긴다리호랑꽃무지　　❻~❼ 사슴풍뎅이　　　❽~❿ 풍이

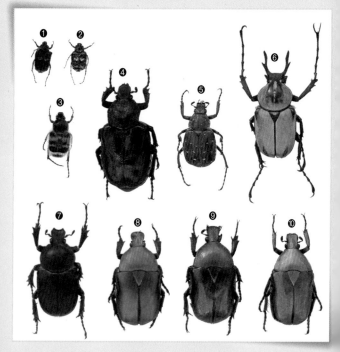

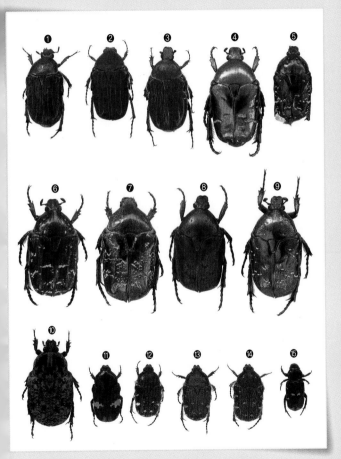

❶~❸ 꽃무지 ❹ 만주점박이꽃무지 ❺ 아무르점박이꽃무지
❻ 흰점박이꽃무지 ❼~❾ 점박이꽃무지 ❿ 알락풍뎅이
⓫ 검정꽃무지 ⓬~⓮ 풀색꽃무지 ⓯ 홀쭉꽃무지

● 꽃 위에 앉아 있다. 2001. 4. 20. 광릉(경기)

넓적꽃무지

Nipponovalgus angusticollis

몸은 전체가 검은 바탕에 황회색 털로 된 무늬가 불규칙하게 퍼져 있다. 여러 꽃 위에 날아오는데, 대체로 수컷이 잘 모인다. 암컷은 썩어 가는 죽은 나무에서 발견되는 일이 많은데, 알을 낳기 위해 모이는 것으로 추측된다. 어른벌레가 죽은 소나무의 나무 껍질 밑에서 겨울을 나는 것이 종종 관찰되었다.

◆ 몸 길이 / 4~7mm
◆ 출현기 / 10월 초~이듬해 6월
◆ 서식지 / 산지
◆ 국내 분포 / 전국
◆ 국외 분포 / 일본
※ 우리 나라 꽃무지 중에서 크기가 가장 작고, 이른 봄 활짝 핀 벚꽃에서 흔히 볼 수 있다.

◑ 어른벌레는 쓰러진 단풍나무 구멍 속에 산다. 2003. 7. 24. (강원)

◆ 몸 길이 / 22~35mm
◆ 출현기 / 7~8월
◆ 서식지 / 잡목림 숲
◆ 국내 분포 / 강원 북부 이북
◆ 국외 분포 / 일본
※ 몸에서 사향 냄새가 나는
  데, 습기 찬 날은 그 주변
  에서도 냄새가 풍긴다. 환
  경부 지정 멸종 위기 야생
  동식물 Ⅱ급.

큰자색호랑꽃무지
Osmoderma opicum

몸은 광택이 나는 흑갈색으로 구릿빛이나
보랏빛이 감돈다. 딱지날개가 앞가슴등판보다
유난히 넓은 점이 특징이며, 수컷의 앞가슴등
판은 암컷보다 넓고 가운데에 세로로 융기된
줄이 뚜렷하다. 어른벌레는 쓰러진 단풍나무의
구멍 속에 산다. 강원도 산지에서 7월 말에 5m
정도 높이로 날아가는 것을 본 적이 있는데, 나
는 느낌이 '사슴풍뎅이' 암컷과 비슷하다.

● 딱지날개의 무늬가 아름답다. 2002. 6. (강원)

긴다리호랑꽃무지

Gnorimus subopacus

바탕색은 녹색 또는 구릿빛을 띠는 갈색으로 광택이 별로 나지 않는다. 앞가슴등판과 딱지날개에 복잡하게 황백색 무늬가 퍼져 있다. 딱지날개에는 희미하게 솟아오른 선이 2개 있다. 전체가 둥글넓적하고 다리가 유난히 길어 보인다. 여러 꽃에 날아오는 것으로 알려져 있으며, 5~6월에 확인된 기록이 많다. 서울 주변에서의 관찰 기록은 적은 편이다.

◆ 몸 길이 / 15~22mm
◆ 출현기 / 5~9월
◆ 서식지 / 산지
◆ 국내 분포 / 북부, 중부, 제주도
◆ 국외 분포 / 중국, 러시아 (시베리아 동부)
※ 나무의 수액에도 모여든다.

◆ 개망초 꽃에서 꽃가루를 뜯어 먹고 있다.
2004. 6. 6. 가리산(강원)
◆ 큰까치수영 꽃 위에서 짝짓기를 하고 있다.
2003. 6. 22. 앵무봉(경기)

◆ 몸 길이 / 8~13mm

◆ 출현기 / 4~11월

◆ 서식지 / 산지의 개활지

◆ 국내 분포 / 전국

◆ 국외 분포 / 일본, 중국 동북부, 러시아(시베리아 동부)

※ 알에서 어른벌레가 되기까지 1~2년이 걸린다.

호랑꽃무지
Trichius succinctus

머리와 앞가슴등판은 검으나, 딱지날개는 가로로 3개의 검은색 줄을 제외하면 노란색이어서 전체 무늬가 호랑이 가죽을 연상시킨다. 몸 전체에 노란색 털이 밀집되어 있다. 어른벌레는 길가의 개망초, 큰까치수영, 엉겅퀴 등의 여러 꽃에 모이는 일이 많다. 웬만한 충격에도 잘 날아가지 않는다. 애벌레는 죽은 나무 속에서 목질부를 파먹으며 산다.

115

꽃무지과 (Cetoniidae)

❶ 수컷의 몸은 회백색 가루로 덮여 있다. 2001. 6. 6. 금강(충북)

사슴풍뎅이

Dicranocephalus adamsi

수컷과 암컷의 색과 생김새가 매우 달라 보이는 종이다. 몸은 적갈색 또는 암적갈색이나 수컷은 회백색의 가루가 몸을 덮어 전체가 회백색인 것처럼 보이나, 암컷은 맨몸으로 검은색을 띤다. 특히 수컷의 머리 앞쪽에는 사슴뿔 모양의 돌기가 발달하였다. 어른벌레는 5월의 맑은 날 참나무와 같은 활엽수 위로 높이 날아다니는 것이 자주 관찰된다. 암컷이 있는 곳으로 수컷이 찾아오며, 수컷은 암컷을 뒤에서 껴안듯이 독점하려고 한다.

◆ 몸 길이 / 21~35mm
◆ 출현기 / 5~7월
◆ 서식지 / 산지
◆ 국내 분포 / 중부, 남부
◆ 국외 분포 / 중국 서부, 티베트 동부, 베트남
※ 자극을 주면 수컷은 꺼떡거리며 몸을 세우고 다리를 활짝 펴면서 공격할 듯한 자세를 취한다.

❶ 나뭇가지에 붙어 있을 때에는 떼기 어렵다. 2000. 7. 7. 원주(강원)

◆ 몸 길이 / 25~33mm
◆ 출현기 / 5~9월
◆ 서식지 / 산지나 평지의 숲
◆ 국내 분포 / 중부, 남부, 제
　주도
◆ 국외 분포 / 일본, 중국
※ 꽃무지류는 풍뎅이류와
　달리 앞날개를 닫은 채 뒷
　날개만 내고 날아다닌다.

풍이
Pseudotorynorrhina japonica

몸은 편평한 느낌이 들고, 전체가 어두운 녹색을 띠는데, 간혹 구릿빛 광택이 나는 개체도 발견되는 등 여러 색채 변이가 나타난다. 이마방패는 직사각형으로 넓적하게 앞으로 돌출되어 있다. 수컷과 달리 암컷의 종아리마디는 넓다. 한여름에 참나무 수액, 농익은 수박이나 참외 등에도 여러 마리가 모여 먹는 광경을 흔히 볼 수 있다. 날 때에는 '붕' 하는 소리를 낸다. 제주도에 특히 많다.

◎ 배 아래에 털이 빽빽하다. 2000. 6. 4. 주금산(경기)

꽃무지

Cetonia pilifera

몸은 넓적한 느낌이 든다. 등판은 광택이 없고 주로 짙은 갈색을 띠지만 간혹 녹색이 섞인 개체도 보인다. 개체에 따라 다르지만 앞가슴등판과 딱지날개에 노란 점무늬가 퍼져 있는 경우도 있다. 여러 꽃에 잘 날아오며, 꽃에 오래 앉아 있는 일이 많다. 발견되는 숫자는 많은 편이지만 아직 정확한 생태가 알려져 있지 않다.

◆ 몸 길이 / 14~20mm
◆ 출현기 / 4~11월
◆ 서식지 / 산지나 평지의 개활지
◆ 국내 분포 / 전국
◆ 국외 분포 / 일본, 중국 동북부, 러시아(남동 시베리아)
※ 꽃무지는 우리 나라에서 2아종으로 나뉜다. 몸 빛깔이 녹색인 경우를 '섬꽃무지'라 하고, 붉은색을 띠면 '참꽃무지'라고 한다.

118

○ 짝짓기 2000. 6. 14. 제주

◆ 몸 길이 / 16~25mm
◆ 출현기 / 4~9월
◆ 서식지 / 산지의 참나무 숲
◆ 국내 분포 / 전국
◆ 국외 분포 / 일본, 중국, 타
이완, 괌, 히말라야, 인도
※ '흰점박이꽃무지'와 매우
닮았으나 등판이 녹색 빛
깔이 강하고 좀더 편평하
다. 애벌레는 등으로 기어다
닌다.

점박이꽃무지
Protaetia orientalis

몸은 대체로 넓적한 느낌이 든다. 등판은
광택이 강한 녹색이지만 남부의 섬 지방에서
가끔 자주색을 띤 개체도 발견된다. 앞가슴등
판과 딱지날개에 흰색의 짧은 줄무늬가 박혀
있지만 변이가 심해 줄무늬가 없는 경우도 있
다. 이 종을 포함한 꽃무지류 애벌레가 굼벵이
이며, 한약재로 판매되고 있다. 애벌레는 초가
집의 썩은 짚단이나 썩은 낙엽을 먹고 자란다.

◐ 썩은 나무의 구멍을 찾아 날아온 암컷 2004. 6. 26. 검단산(경기)

검정꽃무지
Glycyphana fulvistemma

몸은 검은색인데, 검은 가루가 뒤덮여 있어 우단 같은 모양새를 하고 있다. 딱지날개 중앙에 담황색 넓은 무늬가 1쌍 있는데, 생김새는 여러 가지이다. 앞가슴등판 양 옆으로 작은 무늬가 흩어져 있다. 어른벌레는 국수나무, 개망초, 찔레 등의 꽃에 날아오기도 하고, 사진처럼 암컷이 썩은 나무의 구멍을 찾아 날아오기도 한다.

◆ 몸 길이 / 11~14mm
◆ 출현기 / 4~10월
◆ 서식지 / 산지
◆ 국내 분포 / 북부, 중부, 남부
◆ 국외 분포 / 일본, 중국, 러시아(시베리아)
※ 썩은 나무의 껍질 밑에서 애벌레가 살며, 그 곳에서 번데기가 된다.

꽃무지과 (Cetoniidae)

◐ 늦가을까지 활동한다.
2000. 10. 2. 다랑쉬오름(제주)
◐ 딱지날개는 여러 색깔이 나타난다.
2003. 6. 11. 주금산(경기)

◆ 몸 길이 / 10~14mm
◆ 출현기 / 3~10월
◆ 서식지 / 산지
◆ 국내 분포 / 전국
◆ 국외 분포 / 일본, 중국, 러시아(시베리아), 타이완, 네팔, 인도, 미국
※ 산과 들의 주로 흰 꽃에 날아오는데, 개체 수가 꽤 많다.

풀색꽃무지
Gametis jucunda

매우 흔한 종으로, 길가에 핀 개망초 등 야생화에 날아와 파묻히듯 처박힌다. 한 꽃에 10여 마리 이상 몰려오는 일도 많다. 몸은 녹색을 띠는 일이 많으나, 간혹 붉은색을 띠는 개체도 나타나는 등 개체 변이가 심하다. 전체 모습은 꽃무지보다 훨씬 작고 더 둥글게 보여 차이가 크다. 애벌레는 땅 속에서 썩은 유기물을 먹고 자라며, 이른 봄부터 가을까지 계속 어른벌레가 보인다.

121

꽃에 앉은 모습이며, 주로 땅바닥에서 발견된다. 2000. 6. 14. 수원(경기)

홀쭉꽃무지
Callynomes obsoleta

소형 꽃무지로, 몸 전체가 가늘고 길며 납작한 느낌이 든다. 등 쪽은 검은색 바탕에 황갈색 털이 군데군데 나 있다. 이들의 자세한 습성에 관해서는 알려진 자료가 별로 없다. 돌 아래에 숨어 있거나 땅바닥을 기어다니는 것을 관찰한 경우가 대부분이고, 식물 위에 있는 모습은 거의 볼 수 없다.

◆ 몸 길이 / 15~17mm
◆ 출현기 / 5~6월
◆ 서식지 / 산지의 숲
◆ 국내 분포 / 북부, 중부, 남부
◆ 국외 분포 / 중국
※ 꽃무지 무리 가운데 홀쭉한 생김새와 특이한 더듬이로 구별하기 쉽다.

비단벌레과 [Buprestidae]

몸은 전체가 유선형이며 다리가 짧다. 머리의 얼굴은 거의 수직을 이루며, 뒷머리가 앞가슴등판 속으로 들어가는 특징이 있다. 이름처럼 몸의 등쪽 색깔이 아름다운 종류가 많다. 애벌레는 나무의 목질부 속에 들어가 살며, 어른벌레가 되면서 구멍을 뚫고 탈출한다. 전세계에 1만 5천여 종이 분포하는데, 우리 나라에 87종이 기록되었으나 자세한 연구가 부족하다.

❶ 노랑무늬비단벌레   ❷~❸ 금테비단벌레   ❹~❺ 띠금테비단벌레
❻~❼ 검정무늬비단벌레   ❽ 검정금테비단벌레   ❾ 소나무비단벌레

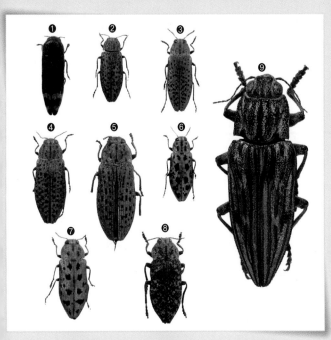

❶ 비단벌레　　　　　　　❷ 검정넓적비단벌레　　　❸ 고려비단벌레
❹ 배나무육점박이비단벌레 ❺ 아무르넓적비단벌레　　❻ 검녹색호리비단벌레
❼ 황록색호리비단벌레　　❽ 가시나무비단벌레　　　❾ 서울호리비단벌레
❿ 흰점비단벌레　　　　　⓫ 버드나무좀비단벌레

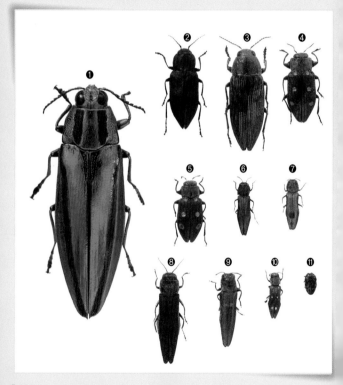

◎ 비 오는 날 고사리 잎 위에 앉아 있다. 2004. 6. 19. 주금산(경기)

◆ 몸 길이 / 8~13mm
◆ 출현기 / 6~8월
◆ 서식지 / 낙엽 활엽수림
◆ 국내 분포 / 중부
◆ 국외 분포 / 일본, 중국, 러시아(시베리아 동부)

검정무늬비단벌레
Ovalisia virgata

몸은 유선형으로, 녹색 바탕에 양 가장자리 쪽으로 붉은색을 띠나 전체가 녹색을 띤 경우도 있다. 앞가슴등판과 딱지날개에 검은 점무늬가 25개 정도 나타나 '검정무늬비단벌레'라고 한다. 딱지날개에는 도드라진 홈줄이 발달한다. 배끝은 뾰족하다. 애벌레의 먹이 식물인 참나무류에 날아와 앉는 경우가 많다.

125

❍ 마른 소나무 위로 날아왔다. 1999. 7. 31. 삼의악오름(제주)

소나무비단벌레
Chalcophora fulgidissima

대형 비단벌레로, 짙은 갈색에 황회색 비늘로 덮여 있으며, 등면에 깊은 골이 패어 있다. 그리 흔한 종은 아닌데, 소나무가 많은 건조한 환경에서 맑은 여름날에 날아다니는 일이 있다. 몸은 크지만 앉으면 주변 색과 잘 어우러져 발견하기가 쉽지 않다. 애벌레는 죽은 소나무의 줄기 속에서 가끔 발견된다.

◆ 몸 길이 / 36~44mm
◆ 출현기 / 6~8월
◆ 서식지 / 평지, 산지
◆ 국내 분포 / 전국
◆ 국외 분포 / 일본, 중국, 타이완, 인도차이나
※ 일본의 남쪽 섬에는 몸 빛깔이 유난히 녹색을 띠는 개체들이 서식하는데, 우리나라에는 모두 짙은 갈색을 띤 종이다.

🔆 나무 껍질에 앉아 화려한 빛을 발하는 비단벌레 2003. 7. 20. (전남) 민완기 제공

◆ 몸 길이 / 32~38mm

◆ 출현기 / 7~8월

◆ 서식지 / 산지

◆ 국내 분포 / 남부 해안

◆ 국외 분포 / 일본, 중국, 타이완, 인도차이나

※ 매우 희귀한 종이다. 환경부 지정 멸종 위기 야생 동식물 Ⅱ급

비단벌레
Chrysochroa fulgidissima

광택이 나는 녹색 바탕에 붉은색의 세로띠가 뚜렷한 매우 아름다운 곤충이다. 삼국 시대에 무덤 속 부장품인 관형 장식이나 말의 장식 등에 이들의 딱지날개를 이용하여 옥충식 장식 기법이라는 독특한 곤충 문화를 만들었다. 맑은 날 팽나무나 벗나무의 고목 군락에 날아드는데, 주로 나무 꼭대기에서 높게 날고 줄기에 알을 낳으며 애벌레는 그 속에서 산다.

127

❂ 소나무 껍질에 앉아 있다. 2004. 7. 25. 완도(전남)

고려비단벌레
Buprestis haemorrhoidalis

몸은 구릿빛 광택을 머금은 검은색으로 몸 아래로 그 광택이 한층 강하다. 전체 모습은 너비가 넓어 보이는 유선형이다. 수컷의 얼굴 에는 붉은색 무늬가 보이나 암컷에서는 거의 보이지 않는다. 살아 있을 때에는 온몸에 회색 가루가 덮여 있다. 주로 소나무 고목에 알을 낳기 위해 잘 날아오며, 맑은 날 힘차게 날아 다니는 모습을 볼 수 있다.

◆ 몸 길이 / 11~22mm
◆ 출현기 / 6~9월
◆ 서식지 / 해안가, 낮은 산지
◆ 국내 분포 / 중부, 남부
◆ 국외 분포 / 일본, 중국, 러 시아(사할린, 시베리아), 유럽

◐ 칡 잎을 먹고 있다. 2004. 7. 22. 고창군 선운사(전북)

◆ 몸 길이 / 6.5~8mm
◆ 출현기 / 7~8월
◆ 서식지 / 낮은 산지
◆ 국내 분포 / 중부, 남부
◆ 국외 분포 / 일본(대마도), 중국
※ 칡에 날아와 잎을 먹는데, 애벌레는 줄기를 먹는다고 한다. 호리비단벌레류는 40여 종이 알려져 있으나 동정이 쉽지 않다.

황록색호리비단벌레
Agrilus chujoi

몸이 가늘고 길며 호리호리한 느낌이 있어 이름에 '호리'가 들어가 있다. 몸의 등면은 구릿빛 광택이 나는 녹색이며, 머리와 앞가슴등판의 광택이 특히 강하다. 딱지날개는 중간 아래로 독특한 검은 무늬가 있는데, 개체마다 조금씩 색상이 다르다. 배마디 가장자리와 다리에 흰색 무늬가 약하게 보인다.

❶ 느티나무 벌채목 위에서 흔히 볼 수 있다. 2004. 6. 6. 홍천군 삼마치리(강원)

흰점비단벌레

Agrilus sospes

몸은 검보랏빛을 띠며, 전체가 가늘고 길다. 딱지날개 위에는 4개의 흰 점무늬가 보이는데, 뒤쪽이 훨씬 크고 가운데로 몰려 있다. 또 딱지 날개 중앙의 양 가장자리로 흰 테 무늬가 가늘 게 나타난다. 느티나무의 벌채목에 붙는데, 인 기척을 느끼면 날아간다.

◆ 몸 길이 / 5.2~8.5mm
◆ 출현기 / 5~8월
◆ 서식지 / 활엽수림 가장자리
◆ 국내 분포 / 중부
◆ 국외 분포 / 일본

❁ 버드나무 잎 위에서 자주 발견된다. 2004. 5. 22. 태안군 신두리(충남)

◆ 몸 길이 / 3~4mm
◆ 출현기 / 4~5월
◆ 서식지 / 산길, 계곡
◆ 국내 분포 / 중부
◆ 국외 분포 / 일본, 중국, 러
시아(사할린, 시베리아),
유럽

버드나무좀비단벌레
Trachys minuta

소형종이다. 이마방패의 너비는 길이의 약
1.3배이다. 머리와 앞가슴등판은 검은색, 딱
지날개는 청흑색을 띤다. 딱지날개에는 은색
털이 불규칙하게 다발이 져 있는데, 맨눈으로
는 희미하게 보인다. 갯가의 버드나무 잎에서
발견되며, 건드리면 아래로 떨어지는 습성이
있어 찾기가 매우 어렵다.

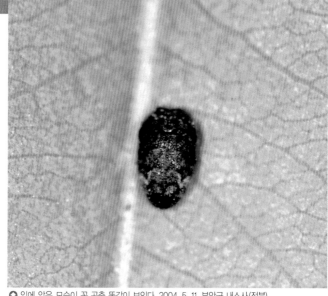

○ 잎에 앉은 모습이 꼭 곤충 똥같이 보인다. 2004. 5. 11. 부안군 내소사(전북)

얼룩무늬좀비단벌레
Trachys varolaris

몸은 검은색 바탕에 연한 노란색, 금갈색, 은백색 털이 빽빽하게 섞여 있으며, 이 털이 딱지날개에서는 물결 모양으로 조금 짙게 보인다. 앞가슴등판에 검은색 털뭉치가 둥글게 나타나는데, 너무 작아서 뚜렷하지 않다. 이마 방패의 너비는 길이의 2배 정도이다. 바닷가에서 가까운 숲에 자라는 졸참나무나 신갈나무 등의 잎을 먹는 것이 흔히 보인다.

◆ 몸 길이 / 3~4mm
◆ 출현기 / 5~6월
◆ 서식지 / 평지, 낮은 산지
◆ 국내 분포 / 중부, 남부
◆ 국외 분포 / 일본, 중국
※ 참나무류의 잎에 알을 1개씩 낳는다.

방아벌레과 [Elateridae]

몸이 뒤집히면 앞가슴과 딱지날개를 구부렸다가 튕기는 것처럼 보이는 반동으로 몸을 바로 하는 재주를 가진 종류이다. 더듬이가 11마디이고, 앞가슴등판은 방패 모양이며, 앞가슴복판에는 가시 같은 돌기가 있고, 가운데가슴 배 쪽에는 깊은 홈이 패어 있다. 반딧불이처럼 발광 기관이 있는 신기한 종류를 포함해 세계에 1만여 종이 알려져 있으며, 우리 나라에 100여 종이 있다.

❶ 왕빗살방아벌레   ❷ 맵시방아벌레   ❸ 고려청동방아벌레
❹ 청동방아벌레   ❺ 진홍색방아벌레   ❻ 검정테광방아벌레
❼ 녹슬은방아벌레   ❽~❾ 얼룩방아벌레

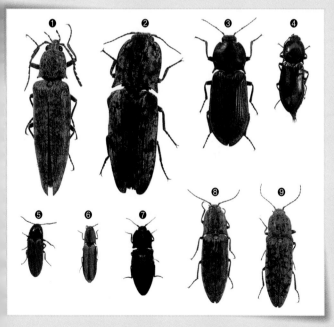

❶~❷ 반달맵시방아벌레 ❸ 시이볼드방아벌레 ❹ 붉은다리빗살방아벌레
❺~❻ 대유동방아벌레

❍ 낮에는 꼼짝 않고 있다가 밤에 활동한다. 2002. 6. 16. 주금산(경기)

◆ 몸 길이 / 22~27mm
◆ 출현기 / 4~6월
◆ 서식지 / 산지
◆ 국내 분포 / 전국
◆ 국외 분포 / 일본, 중국
※ 애벌레는 '하늘소' 나 '나무
좀' 의 애벌레를 잡아먹는
것으로 알려져 있다.

왕빗살방아벌레
Pectocera fortunei

대형 방아벌레류로, 수컷은 더듬이가 유난
히 긴 빗살 모양으로 딱지날개의 2/3에 이르
지만, 암컷은 톱날 모양이며 길이도 짧다. 딱
지날개는 짙은 갈색 바탕에 황갈색 무늬가 얼
룩덜룩 나 있다. 어른벌레는 밤에 다른 곤충이
나 작은 동물을 잡아먹는데, 등불에 잘 날아든
다. 낮에는 풀잎 위에 몸을 바짝 붙이고 있다.

❍ 풀잎 위에 앉아 있는 일이 많다. 2003. 6. 12. 한라산(제주)

녹슬은방아벌레
Agrypnus binodulus

전체 모습은 너비가 넓은 감이 들고, 타원 모양이며 길쭉해 보인다. 몸은 암갈색과 흑갈색이 섞인 바탕에 흰색 또는 황갈색 바늘 모양의 털이 나 있어 얼룩져 보인다. 이런 모습을 보면 녹슨 쇠 같은 인상을 받는다. 앞가슴등판 중앙에 2개의 돌기가 있어 닮은 종들과 쉽게 구별된다. 날이 맑으면 풀잎 끝에 앉아서 쉰다.

◆ 몸 길이 / 12~16mm
◆ 출현기 / 5~10월
◆ 서식지 / 산지, 강가 가장자리의 풀밭
◆ 국내 분포 / 전국
◆ 국외 분포 / 일본
※ 밤에 불빛에 잘 날아오며, 땅을 비집고 다니는지 온몸이 흙투성이인 경우도 있다.

❂ 발톱이 빗살 모양이어서 붙여진 이름이다. 2000. 5. 7. 여주(경기)

◆ 몸 길이 / 14~20mm
◆ 출현기 / 연중
◆ 서식지 / 낙엽 활엽수림
◆ 국내 분포 / 북부, 중부, 남부
◆ 국외 분포 / 일본, 중국
※ 밤에 불빛에 잘 날아든다.

빗살방아벌레
Melanotus legatus

　몸은 전체가 검고, 곰보 모양의 작은 홈 때문에 표면이 매우 거칠어 보인다. 또 황갈색의 짧은 털이 빽빽하게 들어차 있다. 더듬이의 마디 중 넷째 번이 셋째 번보다 확실히 길어 닮은 종과 구별된다. 애벌레는 여러 식물의 뿌리를 먹는 일이 많고 감자의 덩이줄기를 갉아먹는다. 어른벌레로 겨울을 난다.

137

❂ 더듬이를 움직이면 날아간다는 신호이다. 2003. 5. 5. 주금산(경기)

대유동방아벌레
Agrypnus argillaceus

흔한 종으로, 몸은 위에서 보면 넓고 납작하다. 눈이 검은 것을 제외하면 몸 전체가 주황색을 띠지만 실제로는 흑갈색 몸에 붉은색의 미세한 비늘이 덮여 있는 것으로, 비늘이 벗겨진 정도에 따라 몸 빛깔이 차이가 난다. 더듬이는 검은색으로 잔톱니처럼 생겼다. 보통 풀 위에서 양쪽 더듬이를 움직이면서 앉아 있으면 날아간다는 신호이다.

◆ 몸 길이 / 16mm 안팎
◆ 출현기 / 4~6월
◆ 서식지 / 산지
◆ 국내 분포 / 전국
◆ 국외 분포 / 중국, 타이완, 러시아(연해주), 몽골, 인도차이나
※ 손으로 만지면 뒤집히면서 꼼짝 않다가 '똑딱' 하는 소리와 함께 그 반동으로 튀어오르는 모습을 보고 '똑딱벌레' 라고도 한다.

◐ 앉을 때에는 더듬이를 V자 모양으로 편다. 2004. 7. 21. 고창군 선운사(전북)

◆ 몸 길이 / 9∼14mm
◆ 출현기 / 7∼8월
◆ 서식지 / 활엽수림 가장자리
◆ 국내 분포 / 중부
◆ 국외 분포 / 일본 남부 섬
※ 꽃에 날아와 흡밀하는 경우도 있다.

검정테광방아벌레
Chiagosinus vittiger

몸 전체가 가늘고 길다. 몸은 대부분 황갈색으로 광택이 나며, 앞가슴등판 중앙과 딱지날개 양 가장자리에 검은 줄이 세로로 발달되어 있다. 흔한 종으로, 활엽수 주위나 무덤가의 벼과 식물의 뾰족하고 긴 잎에 숨어 있는 것을 종종 관찰할 수 있다. 색상이 독특해서 쉽게 구별된다.

○ 딱지날개에 얼룩무늬가 있다. 2000. 5. 11. 비자림(제주)

얼룩방아벌레

Actenicerus pruinosus

방아벌레 중에서 대형에 속하지만, 몸은 가늘고 길어 보인다. 일반적으로 암컷이 통통한 느낌을 준다. 몸의 등 쪽은 진주빛이 감도는 검은색이고, 딱지날개에 회색 털이 군데군데 나 있어 얼룩덜룩한 무늬로 보인다. 다리는 황갈색을 띤다. 주로 낮은 산지의 풀밭에 사는데, 흔한 종에 속한다.

◆ 몸 길이 / 12~17mm
◆ 출현기 / 4~6월
◆ 서식지 / 낮은 산지의 풀밭
◆ 국내 분포 / 중부, 남부, 제주
◆ 국외 분포 / 일본
※ 딱지날개의 회색 털이 닳아 떨어지면 다른 방아벌레로 착각하기 쉽다.

◐ 가끔 바위 위에 날아와 앉는다. 2004. 5. 5. 화야산(경기)

◆ 몸 길이 / 15~19mm
◆ 출현기 / 4~6월
◆ 서식지 / 산 가장자리
◆ 국내 분포 / 전국
◆ 국외 분포 / 일본
※ 주로 5~6월에 어른벌레가 관찰된다.

붉은다리빗살방아벌레
Spheniscosomus cete

몸은 전체로 가늘고 길어 보이는데, 납작한 느낌이 든다. 바탕색은 광택이 강한 검은색 또는 흑갈색으로 더듬이와 다리가 적갈색을 띤다. 앞가슴등판은 약간 볼록한 느낌이 드는데, 홈이 빽빽하게 나 있다. 그 가운데에 세로로 융기된 선이 약하게 나타난다. 어른벌레는 봄에 많이 볼 수 있고, 풀잎 위나 나무 줄기에 붙어 있는 일이 많은데, 가끔 바위 위에 날아와 앉는다.

141

❂ 풀잎 위를 부지런히 돌아다닌다. 2004. 5. 14. 한강변(서울)

애녹슬은방아벌레
Agrypnus scrofa

몸의 등 쪽은 녹슨 쇠 같은 색상이다. 서식지인 냇가 주변의 풀 사이에서 바삐 돌아다니는데, 특히 냇가의 모래땅 주변에서 많이 볼 수 있다. 더듬이는 제3마디가 너비보다 길고, 앞가슴 양쪽은 뒤로 갈수록 좁아진다. 사소한 인기척에도 잘 날아가기 때문에 세밀히 관찰하기 위해서는 인내심이 있어야 한다.

◆ 몸 길이 / 8~10mm
◆ 출현기 / 5~6월
◆ 서식지 / 산지의 풀밭
◆ 국내 분포 / 전국
◆ 국외 분포 / 일본
※ 닮은 종으로는 '진녹슬은방아벌레'가 있는데, 이 종에 비해 털의 빛깔이 더욱 짙어서 구별된다.

❖ 봄철에 발견되는 것은 겨울을 난 개체들이다. 2004. 5. 5. 화야산(경기)

◆ 몸 길이 / 10~12mm
◆ 출현기 / 8월~이듬해 5월
◆ 서식지 / 낙엽 활엽수림
◆ 국내 분포 / 북부, 중부
◆ 국외 분포 / 일본
※ 소나무 그루터기나 소나무
　를 재료로 한 말뚝 등의
　썩은 껍질 속에서 나오는
　것을 봄에 볼 수 있다.

진홍색방아벌레
Ampedus puniceus

몸은 검은색이며, 머리와 앞가슴등판은 광택이 나는 검은색이다. 딱지날개는 붉은색 바탕에 세로줄 홈이 두드러지는데, 그 주위로 검은색을 띤다. 이른 봄 햇빛이 좋은 날, 나무 줄기 위에 붙어 있는 경우가 많다. 어른벌레로 겨울을 나는 점으로 미루어 보아, 봄에 알을 낳고 여름을 애벌레로 보내는 것으로 짐작된다.

홍반디과 [Lycidae]

낮에 활동하는 무리로, 반딧불이와 닮아 보이나 빛을 내는 기관이 발달되어 있지 않았다. 어른벌레는 풀잎 위에 앉아 있는 일이 많은데, 이는 다른 곤충을 잡아먹기 위한 것으로 보인다. 또 몸은 붉은색과 검은색으로 뚜렷한 경우가 많은데, '경계색' 역할을 하는 것으로 짐작된다. 구별을 할 때 몸 빛깔을 비교하는 것도 좋으나 더듬이, 앞가슴등판, 딱지날개의 생김새도 많은 차이가 난다. 세계에 3000여 종, 우리 나라에 11종이 있다.

❶ 큰홍반디   ❷ 홍반디
❸ 살짝수염홍반디   ❹ 주홍홍반디

◆ 확 트인 풀밭에 날아왔다. 2004. 6. 6. 가리산(강원)

◆ 몸 길이 / 14mm 안팎
◆ 출현기 / 5~7월
◆ 서식지 / 밝게 트인 풀밭
◆ 국내 분포 / 중부
◆ 국외 분포 / 중국
※ 딱정벌레는 몸 전체가 딱딱한 것이 특징이지만 홍반디과, 병대벌레과, 가뢰과 등은 꽤 무르다.

큰홍반디
Lycostomus porphyrophorus

몸의 대부분은 검지만 앞가슴등판의 양 옆과 딱지날개 전체는 붉은색이다. 머리는 작고 앞가슴등판 앞에 감추어져 있으며, 입은 아래로 뾰족하게 뻗었다. 만지면 연약해 보이지만 실제로는 육식성이어서 강인하다. 어른벌레는 주로 확 트인 풀밭을 좋아하므로 풀 위에 조용히 앉아 있는 일이 많다. 인기척이 나면 더듬이부터 움직이다가 곧 날아간다.

◐ 앞가슴등판이 종 모양이다. 1998. 5. 23. 검단산(경기)

홍반디

Lycostomus modestus

앞가슴등판은 종 모양을 하고 있어 '반딧불이'와 비슷하게 생겼지만 빛을 내는 기관이 없고, 낮에 활동하는 것이 차이점이다. 또 앞가슴등판의 중앙에는 +자 모양의 홈이 있다. 어른벌레는 산지의 꽃에서 주로 찾아볼 수 있다. 반면, 편평한 모습의 애벌레는 전체가 가늘고 길어 보이며, 썩은 고목이나 나무 껍질 밑에서 다른 곤충의 애벌레를 잡아먹는 것으로 알려져 있다.

◆ 몸 길이 / 9mm 안팎
◆ 출현기 / 5~9월
◆ 서식지 / 숲 가장자리
◆ 국내 분포 / 중부
◆ 국외 분포 / 일본, 중국
※ 닮은 종으로 '어리홍반디'가 있는데, 앞가슴등판 중앙의 홈이 화살표처럼 생겼다.

반딧불이과 [Lampyridae]

대부분의 종들이 배마디를 통하여 빛을 낸다. 그 중 '애반딧불이'와 같은 극히 일부 종들은 애벌레 때 물 속 생활을 하지만 '늦반딧불이'와 같은 대다수의 종들은 뭍에서 산다. 어른벌레는 대개 암컷과 수컷이 같은 모습이지만, 일부의 종에서 암컷은 뒷날개가 퇴화되었거나 앞날개와 뒷날개가 모두 없는 경우도 있다. 세계에 2000여 종이 알려져 있으며, 우리 나라에 6종 안팎이 산다.

❶ 운문산반딧불이   ❷~❸ 늦반딧불이

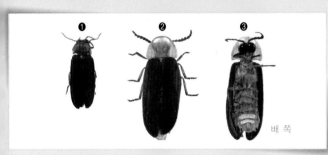

배 쪽

❖ 배끝마디에서 빛을 내는 늦반딧불이 수컷 1999. 9. 14. 수원(경기)

❖ 늦반딧불이의 애벌레는 달팽이를 잡아먹는다. 1994. 8. 3. 영월(강원)

⊙ 제주도에서는 낮에도 발견된다. 2001. 8. 13. 저지리(제주)

늦반딧불이
Lychnuris rufa

앞가슴등판이 연황색으로 넓고, 앞쪽에 2개의 창과 같은 투명한 부분이 있다. 암컷은 앞날개와 뒷날개가 모두 퇴화되어 배가 드러난 모습으로 번데기와 비슷한 모습을 한다. 8~9월에 해진 후 1시간 정도만 빛을 내는데, 날아다니는 개체는 모두 수컷이다. 애벌레도 어른벌레처럼 빛을 내는데, 풀줄기에 앉아서 녹색의 빛을 지속적으로 내므로 쉽게 확인할 수 있다.

◆ 몸 길이 / 15~18mm
◆ 출현기 / 7월 하순~9월
◆ 서식지 / 습지가 있는 숲, 산간 밭
◆ 국내 분포 / 전국(울릉도 제외)
◆ 국외 분포 / 일본(대마도), 중국 동북부
※ 우리 나라에서 가장 큰 반딧불이이다.

148

● 주로 산간의 계단식 논 근처에서 초여름에 만날 수 있다. 2001. 6. 9. 홍천(강원)

◆ 몸 길이 / 7~10mm.
◆ 출현기 / 5월 중순~7월
◆ 서식지 / 계단식 논, 수로, 개천
◆ 국내 분포 / 북부, 중부, 남부
◆ 국외 분포 / 일본, 중국 동북부, 러시아(시베리아 동부)
※ 현재 전라북도 무주군 설천면 일대가 천연기념물 제322호로 지정되어 주요 서식지로 보호되고 있다.

애반딧불이
Luciola lateralis

앞가슴등판이 주황색을 띠고, 그 가운데에 야구 방망이 같은 검은 무늬가 있다. 애벌레는 논이나 연못, 계류에서도 물 흐름이 느린 곳에 살면서 물달팽이류나 다슬기를 먹는다. 암컷의 발광기는 제6배마디에 1개, 수컷은 제6, 7배마디에 각각 1개씩 2개가 있다.

○ 앞가슴등판은 주황색이 강하다. 2001. 6. 9. 양평(경기)

운문산반딧불이

Luciola unmunsana

앞가슴등판은 주황색인데, 앞가두리의 중앙 부위에 검은색을 띠거나 개체에 따라 검은 부분이 사라지기도 한다. 어른벌레는 초여름 밤에 나타나 활동하는데, 수컷은 적극적으로 날면서 강한 빛을 번쩍거린다. 반면에 암컷은 습기가 많은 낮은 풀줄기에서 빛을 위로 쏘아 올린다. 이름의 '운문산' 은 이종이 처음 발견된 장소를 의미한다.

◆ 몸 길이 / 10~14mm
◆ 출현기 / 5월 중순~7월
◆ 서식지 / 산지의 돌이 많은 곳
◆ 국내 분포 / 전국(울릉도 제외)
◆ 국외 분포 / 현재까지 우리나라 고유종이다.
※ 암컷은 뒷날개가 퇴화되어 날지 못하며, 수컷에 비해 몸이 좀 뭉뚝해 보인다.

● 낮에 볼 수 있다. 2001. 6. 9. 양평(경기)

◆ 몸 길이 / 7~12mm
◆ 출현기 / 6~7월
◆ 서식지 / 습한 풀밭
◆ 국내 분포 / 중부
◆ 국외 분포 / 현재까지 우리
나라 고유종이다.
※ 다른 '반딧불이'와 달리 더
듬이가 유난히 길고 두꺼우
며, 빛을 내지 않는다.

꽃반딧불이
Lucidina kobandia

몸은 전체가 검지만 앞가슴등판에는 2개의 붉은 반점이 있다. 특히 앞과 양 가장자리가 위로 솟아난 것이 특징이다. 더듬이는 톱날 모양으로 거의 몸 길이만 하다. 앞다리와 가운뎃다리의 발톱에 돌기가 나 있다. 초여름에 볼 수 있으며, 축축한 습지의 풀밭에서 살아간다. 풀 위에 앉아 있는 일이 많다.

병대벌레과 [Cantharidae]

　몸 전체가 가늘고 길어 보이며, 몸이 연약한 편이어서 잡으면 몸이 물렁거리고, 표본을 만들려고 하면 몸과 마디가 비틀리곤 한다. 어른벌레는 낮에 풀이나 나뭇잎, 꽃잎 위에서 작은 곤충을 잡아먹기 위해 탐색하는 모습을 관찰할 수 있다. 이 때, 한 자리에 잘 있지 않고 여기저기 배회한다. 한 곳에서 떼로 발견되기도 한다. 세계에 6700여 종이 알려져 있으며, 우리 나라에 30여 종이 있다.

❶ 등점목가는병대벌레　　❷ 노랑테병대벌레　　　　❸ 눈큰산병대벌레
❹ 연노랑목가는병대벌레　❺ 서울병대벌레　　　　　❻ 노랑줄어리병대벌레
❼ 회황색병대벌레

❂ 육식성으로, 풀잎에 앉아 있는 일이 많다.
2001. 5. 14. 한택식물원(경기)

❂ 짝짓기
2001. 5. 10. 수원(경기)

◆ 몸 길이 / 10~13mm

◆ 출현기 / 5~6월

◆ 서식지 / 산지의 풀밭

◆ 국내 분포 / 중부

◆ 국외 분포 / 현재까지 우리
나라 고유종이다.

※ '멋쟁이병대벌레'가 닮은
종인데, 앞가슴등판이 좀더
둥글고 딱지날개에 검은
무늬가 없어 구별된다.

서울병대벌레
Cantharis soeulensis

머리와 앞가슴등판은 주홍색이고, 눈은 유별
나게 검다. 딱지날개는 기본이 노란색이지만 색
채 변이가 심하여 부분에 따라 길게 검은 무늬
가 있는 것부터 전체가 검은 것까지 다양하다.
다리는 주홍빛이다. 봄날 풀잎을 오르락내리락
하면서 바삐 움직이는 것을 볼 수 있다. 주로 진
딧물과 같은 조그마한 곤충을 잡아먹는다.

◎ 줄기 사이를 오르락내리락하는 일이 많다. 2004. 5. 12. 부안군 내소사(전북)

노랑줄어리병대벌레

Athemus nigrimembris

몸은 보통 검은색 바탕에 더듬이 기부 둘레가 황갈색을 띤다. 앞가슴등판은 노란색이지만 중앙에 검은 점무늬가 있다. 딱지날개에는 세로로 비스듬하게 긴 노란색 줄무늬가 있으나 개체에 따라 더 어두운 색이 되거나, 암컷에서는 줄무늬가 없는 경우도 종종 있다. 다리는 검다. 암컷은 수컷에 견주어 더듬이가 짧고, 몸 전체가 더 넓어 보인다. 풀밭의 여러 꽃에 잘 날아온다.

◆ 몸 길이 / 7~9mm
◆ 출현기 / 4월 말~6월 초
◆ 서식지 / 산 가장자리 풀밭
◆ 국내 분포 / 중부, 남부
◆ 국외 분포 / 러시아(아무르)
※ 과거에 *Mikadocantharis japonica*로 불리던 종들은 이 종을 잘못 본 것이다.

❁ 딱지날개 양 가장자리가 평행한 느낌이 든다. 2004. 5. 8. 홍천군 가리산(강원)

◆ 몸 길이 / 7mm 안팎
◆ 출현기 / 4월 말~6월
◆ 서식지 / 산 가장자리
◆ 국내 분포 / 중부, 남부
◆ 국외 분포 / 현재까지 우리
　나라 고유종이다.
※ 최근 발견되어 이름 붙여
　진 종이다.

눈큰산병대벌레
Rhagonycha koreaensis

　몸은 전체가 검으나 종아리마디는 어두운 갈색을 띤다. 더듬이는 가늘고 길어 보이는데, 거의 딱지날개 중앙까지 이른다. 암컷은 수컷보다 몸이 넓어 보이며 더듬이는 짧다. 이 종과 '아세아산병대벌레(*R. asiatica*)'는 매우 비슷하지만, 이 종의 딱지날개 양 가장자리가 더 평행하여 구별된다.

수시렁이과 [Dermestidae]

몸은 타원형에서 원형이고, 대개 털이나 비늘로 덮여 있다. 머리의 이마에 홑눈이 있는 경우가 있지만 구별이 쉽지 않다. 더듬이는 짧고 11마디이며 끝부분이 통통하다. 대부분 애벌레 때는 건조된 단백질을 지닌 물질, 즉 비단천, 건어물, 죽은 동물 등을 먹고 산다. 어른벌레는 꽃에 날아와 꽃가루를 먹기도 한다. 세계에 900여 종, 우리 나라에 40여 종이 있다.

○ 봄에 꽃에 날아온다. 2001. 4. 20. 수원(경기)

사마귀수시렁이
Anthrenus niponensis

몸은 대체로 넓고 둥근 형태이다. 등 쪽은 검은색과 갈색의 비늘털이 빽빽하게 들어차 있다. 딱지날개의 중간 앞부분에 가로띠무늬가 눈에 띈다. 어른벌레는 4월 말부터 여러 꽃에 날아오는 것을 관찰할 수 있는데, 사마귀 알집을 해치는지의 여부는 확실하지 않다.

◆ 몸 길이 / 3~4mm 안팎
◆ 출현기 / 4~9월
◆ 서식지 / 숲 가장자리
◆ 국내 분포 / 중부, 남부
◆ 국외 분포 / 일본, 중국 동북부
※ 같은 속에 속하는 '애알락수시렁이(*A. verbasci*)'는 곤충을 모아 두는 표본실에서 표본을 망치게 하는 수도 있다.

쌀도적과 [Trogossitidae]

 넓적하고 편평한 것부터 가늘고 원통형인 것까지 그 생김새가 다양하다. 애벌레 때 콩이나 보리를 먹는, 저장 곡물을 해치는 종류로 알려져 있다. 하지만 대부분은 나무 껍질 밑에서 살면서 다른 곤충을 잡아먹거나 균류를 먹으며, 꽃가루도 먹는다. 세계에 600여 종이 알려져 있으며, 우리 나라에 4종이 있다.

○ 겨울에 썩은 나무 속에서 지낸다. 2004. 4. 11. 주금산(경기)

◆ 몸 길이 / 12mm 안팎
◆ 출현기 / 연중
◆ 서식지 / 낙엽 활엽수림
◆ 국내 분포 / 중부
◆ 국외 분포 / 일본, 중국 동북부, 러시아(연해주), 몽골
※ 참나무의 썩은 고목의 껍질 속에서 겨울을 나는 개체를 발견한 적이 있다.

얼러지쌀도적
Trogossita japonica

 몸이 납작하여 나무 껍질 사이를 비집고 드나들기에 안성맞춤이고, 틈에 끼어 있으면 눈에 잘 띄지 않는다. 딱지날개는 흑갈색 바탕에 황갈색 털 다발이 불규칙적으로 나 있다. 가슴의 측면은 둥글게 보이며, 머리와 맞닿은 앞가두리의 측면이 뾰족하게 위로 돌출되어 있다.

개미붙이과 [Cleridae]

'개미'와 닮아 보인다고 해서 붙여진 이름이다. 몸은 홈을 잘 들락날락하도록 길쭉하고 둥근 통 모양이다. 머리는 튀어나와 너비가 넓은 데 비해 앞가슴은 상대적으로 좁고, 딱지날개와 연결 부분에서는 더 좁아진다. 어른벌레와 애벌레 모두 주로 다른 곤충을 잡아먹고 산다. 특히 나무 줄기에 구멍을 뚫고 사는 곤충들을 주로 사냥한다. 일부 종들은 균을 먹으며, 어른벌레 가운데는 꽃가루를 먹는 것도 있다. 세계에 4000여 종이 알려져 있으며, 우리 나라에는 18종이 있다.

❶ 갈색날개개미붙이   ❷ 긴개미붙이   ❸ 불개미붙이

벌채목에 잘 날아온다. 2004. 4. 15. 춘천시 남면 가정리(강원)

◆ 몸 길이 / 7~10mm
◆ 출현기 / 4월 말~8월
◆ 서식지 / 활엽수림
◆ 국내 분포 / 중부
◆ 국외 분포 / 일본
※ 나무좀의 천적으로 알려져 있다.

개미붙이

Thanassimus lewisi

온몸에 황백색 털이 가득하고 머리와 앞가슴등판은 검은색을 띤다. 딱지날개는 위에서부터 붉은색과 검은색을 띠는데, 아랫부분으로 흰색 띠무늬가 나 있다. 나무 줄기나 벌채목의 껍질 사이를 빠르게 기어다니면서 다른 곤충을 포식하는 것으로 알려져 있다. 위급하면 짧은 거리를 재빨리 날아간다.

● 개망초 꽃에서 볼 수 있다. 1990. 7. 1. 쌍용(강원)

불개미붙이
Trichodes sinae

머리와 가슴은 청람색을 띠고, 딱지날개는 붉은색과 푸른색 띠가 번갈아 나 있다. 생김새가 '개미'와 닮았는데, 특히 붉은색을 띠어 '불개미'를 연상시킨다. 맑은 날 개망초를 비롯한 야생화에 잘 날아오며, 꽃꿀보다는 꽃가루를 즐겨 먹는다. 그다지 멀리 날지 않고 낮게 자리를 옮겨 앉는 습성이 있다.

◆ 몸 길이 / 14~18mm
◆ 출현기 / 5~8월
◆ 서식지 / 건조한 풀밭
◆ 국내 분포 / 중부 이북
◆ 국외 분포 / 중국, 러시아 (시베리아), 몽골
※ 구멍벌들이 만들어 놓은 애벌레 집에 기생하는 것으로 알려져 있다.

의병벌레과 [Melyridae]

몸이 연약하고 털로 덮여 있어 '병대벌레'와 닮아 보이나 뒷다리 밑마디가 다르다. 어른벌레는 푸른색과 붉은색 등 예쁜 색채로 된 종류가 많다. 한낮에 꽃과 잎에 잘 모이며, 다른 곤충을 잡아먹고 꽃가루도 먹는다. 애벌레 역시 포식성이다. 세계에 4000여 종이 알려져 있으며, 우리 나라에 8종이 있다.

✪ 몸은 작아도 다른 곤충을 공격하는 데는 명수이다. 2001. 5. 9. 수원(경기)

◆ 몸 길이 / 5.2~5.8mm 안팎
◆ 출현기 / 5~6월
◆ 서식지 / 숲 가장자리 풀밭
◆ 국내 분포 / 중부
◆ 국외 분포 / 일본(대마도), 중국, 유럽
※ 암수가 마주 보는 광경을 흔히 볼 수 있는데, 수컷은 분비샘에서 분비물을 내어 암컷에게 제공하며, 이것을 받아 먹고 난 다음에 짝짓기가 이루어진다.

노랑무늬의병벌레
Malachius prolongatus

몸은 어두운 녹색에서 남색을 띠는 녹색이며, 이마방패, 입, 더듬이 기부에서 7~8마디 아래, 앞가슴등판의 가장자리, 앞다리와 가운뎃다리의 넓적다리마디 아래, 딱지날개 끝부분은 황갈색을 띤다. 그 밖의 몸의 등 쪽은 회색의 짧은 털이 빽빽하다. 딱지날개는 수컷의 경우 끝부분이 구겨진 것처럼 접혀 있으나 암컷은 편평하게 되어 있다. 풀밭에 살며, 한 곳에 여러 마리가 모여 있는 일이 많다.

밑빠진벌레과 [Nitidulidae]

생김새와 먹이가 매우 다양한 무리이다. 몸 빛깔은 어두운 경우가 많으며, 상당수의 종이 딱지날개가 짧아 배의 일부가 노출된다. 나무 껍질 사이를 잘 파고든다. 더듬이는 짧은 11마디이며, 끝 3마디는 통통하다. 어른벌레는 꽃이나 잘 익은 과일, 졸참나무나 상수리나무 진에 잘 모인다. 애벌레 역시 썩는 식물질, 배설물, 균류, 저장 곡물 등을 비롯한 매우 다양한 공간에 산다. 세계에 3000여 종, 우리 나라에 54종이 있으나 제대로 연구되지 않았다.

❶~❷ 네눈박이밑빠진벌레   ❸ 큰납작밑빠진벌레

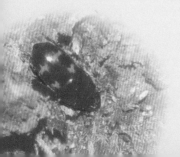

○ 참나무 진 주위에서 볼 수 있다. 2004. 6. 19. 주금산(경기)

◆ 몸 길이 / 7~14mm
◆ 출현기 / 5~10월
◆ 서식지 / 상수리나무 숲
◆ 국내 분포 / 중부
◆ 국외 분포 / 일본, 러시아
 (시베리아 동부)
※ 큰턱이 유난히 크다.

네눈박이밑빠진벌레
Glischrochilus japonica

몸은 강한 광택이 나는 검은색이고, 등이 도드라져 전체 모습이 달걀처럼 보인다. 나뭇가지처럼 뻗은 큰턱은 강인하고 크다. 딱지날개에는 독특하게 2쌍의 주황색 무늬가 있다. 흔한 편이며, 어른벌레는 시큼한 졸참나무 진에 잘 모이는데, 보통 진이 흐르는 가까운 나무 껍질 속에 들어가 있는 경우가 많다.

나무쑤시기과 [Helotidae]

몸은 흑갈색으로, 광택이 강한 딱지날개에 4개의 노란 점이 뚜렷한 특징이 있다. 몸이 납작하므로 나무 껍질 사이에 잘 숨는다. 어른벌레는 참나무 진 주위에서 흔히 볼 수 있으며, 어른벌레와 애벌레 모두 수액 속에 오는 다른 곤충을 잡아먹는다. 세계에 100여 종이 알려져 있으며, 우리 나라에 3종이 있다.

○ 참나무의 썩은 부위에 있다. 2004. 6. 19. 주금산(경기)

고려나무쑤시기
Helota fulviventris

몸은 길고 납작한 모양이며, 기본은 흑갈색 바탕이지만 짙은 갈색도 함께 섞여 있고, 불규칙한 굵게 융기된 줄이 빽빽하게 들어차 있다. 딱지날개에는 2쌍의 노란색 작은 원무늬가 두드러져 보인다. 어른벌레는 봄부터 가을까지 버드나무나 참나무의 진 주위에 모여 있다.

◆ 몸 길이 / 12~16mm
◆ 출현기 / 4~10월
◆ 서식지 / 참나무 숲
◆ 국내 분포 / 중부, 남부
◆ 국외 분포 / 일본
※ 이들의 습성에 대한 확실한 조사는 아직 없다.

머리대장과 [Cucujidae]

몸이 길고 납작하여 고목의 나무 껍질 속에서 발견되지만, 일부의 종은 저장된 곡식을 해치기도 한다. 더듬이는 염주 모양이며 길다. '머리대장'이라는 말은 '머리가 크다'는 뜻이다. 세계에 550여 종이 알려져 있으며, 우리 나라에 3종이 있다.

◐ 참나무 진 주위에서 볼 수 있다. 2004. 6. 19. 주금산(경기)

◆몸 길이 / 10~15mm
◆출현기 / 4~8월
◆서식지 / 산지 주변
◆국내 분포 / 중부
◆국외 분포 / 일본
※ 머리가 앞가슴등판보다 넓을 정도로 커서 '머리대장'이라는 이름이 붙여졌다.

주홍머리대장
Cucujus coccinatus

몸은 납작하고 머리 전체가 삼각형으로, 겹눈의 뒤쪽이 옆으로 튀어나와 앞가슴등판보다 넓다. 몸은 자줏빛에 가까운 붉은색이고, 더듬이와 다리, 배만 검은색이어서 매우 독특한 분위기가 난다. 더듬이의 셋째 마디는 둘째 마디보다 약 2배 길고, 그 다음 마디부터는 짧아져서 염주 모양이다. 흔히 나무 줄기에 상처가나서 껍질이 벗겨진 경우 그 틈에서 이른 봄부터 보인다. 이 밖에 소나무를 벌채해 놓은 곳에서 발견된다.

방아벌레붙이과 [Languriidae]

몸이 원통형으로 가늘고 광택이 강하며 등면에 털이 없다. 더듬이는 끝 쪽 3~5마디가 눈에 띄게 굵다. 먹이는 썩는 식물질, 꽃가루, 잎, 줄기 등 여러 가지이며, 종이나 무리에 따라 다르다. 애벌레는 살아 있는 식물의 줄기 속을 먹고 산다. 세계에 900여 종이 알려져 있으며, 우리 나라에 7종이 있다.

❶ 넉점박이방아벌레붙이
❷ 대마도방아벌레붙이
❸ 끝검은방아벌레붙이

◑ 고사리 줄기에서 자주 발견된다.
2003. 5. 18. 사명산(강원)

대마도방아벌레붙이
Tetralanguria fryi

고사리가 돋아나 잎이 피어날 때쯤 줄기에 붙어 있는 모습을 자주 볼 수 있다. 머리와 딱지날개는 푸른색이 감도는 검은색이며 가슴은 붉은색을 띤다. 광택이 매우 강해 햇빛에 닿으면 빛난다. 앞가슴등판 중앙에 검은색 점무늬가 연하게 나타나는 특징이 있다.

◆ 몸 길이 / 12mm 안팎
◆ 출현기 / 4~5월
◆ 서식지 / 산지의 숲
◆ 국내 분포 / 중부
◆ 국외 분포 / 일본(대마도), 중국

● 딱총나무 위에서 발견된다. 2004. 5. 23. 춘천시 남면 가정리(강원)

◆ 몸 길이 / 9.5~16mm 안팎
◆ 출현기 / 5월
◆ 서식지 / 낙엽 활엽수림
◆ 국내 분포 / 중부
◆ 국외 분포 / 일본, 중국(티베트 포함), 타이완, 인도차이나, 인도

넉점박이방아벌레붙이
Tetralanguria collaris

'대마도방아벌레붙이'와 아주 비슷하나 좀 더 크고 딱지날개에 푸른색이 더 감돈다. 또 앞가슴등판은 길이보다 너비가 더 넓어 보이며, 검은 점이 또렷하게 보인다. 더듬이는 곤봉 모양으로 된 부분이 4마디인데, 이에 견주어 '대마도방아벌레붙이'는 5마디이다. 딱총나무 잎이나 줄기에 여러 마리가 함께 붙어 있는 것을 발견했는데, 이 나무를 먹이로 삼는 것 같다.

○ 다가가면 재빨리 잎 뒤로 숨어 버린다. 2004. 8. 11. 지리산 문수 계곡(전북)

끝검은방아벌레붙이
Anadastus praeustus

몸 전체가 붉은색인데, 더듬이와 눈, 딱지날개 끝 둘레가 검은색을 띤다. 더듬이는 구슬을 엮어 놓은 듯하다. 넓적다리마디 앞부분과 발목마디는 검은색을 띠므로 다른 종과 구별하기 쉽다. 개울가나 산길의 큰기름새 또는 억새의 잎 위에 붙어 있는데, 다가가면 재빨리 잎 뒤로 돌아가 숨어 버린다.

◆ 몸 길이 / 7mm 안팎
◆ 출현기 / 7~8월
◆ 서식지 / 확 트인 개울가나 산길 주위
◆ 국내 분포 / 남부
◆ 국외 분포 / 일본, 중국, 인도차이나

버섯벌레과 [Erotylidae]

어른벌레와 애벌레 모두 죽은 나무에서 자라는 버섯을 주로 먹는다. 몸이 알모양이거나 납작하여 버섯의 갓 주름 사이에 잘 파고든다. 몸은 검은색과 붉은색, 노란색 등 아름다운 무늬가 있는 종이 많으며, 등면에 털이 없는 경우가 대부분이다. 더듬이는 11마디로, 그 중 끝의 3마디는 곤봉처럼 굵다. 세계에 2500여 종이 알려져 있으며, 우리 나라에 22종이 있다.

❶ 모라윗왕버섯벌레   ❷ 고오람버섯벌레   ❸ 톱니무늬버섯벌레

◐ 나무 껍질 사이에서 잘 발견된다. 2004. 6. 26. 검단산(경기)

톱니무늬버섯벌레

Aulacochilus decoratus

얼핏 보면 거저리류와 비슷하게 생겼다. 몸은 광택이 강한 검은색으로, 딱지날개 앞쪽에 붉은색 무늬가 삐죽한 모양으로 새겨져 있다. 그 모양이 톱날 같고, 옆가두리에서 무늬를 둘러싸고 있는 듯하다. 주로 썩은 나무에 피는 주름버섯류에서 살며, 겨울을 날 때에도 썩은 부위의 목질부 속에서 여러 마리가 한데 모여 지낸다.

◆ 몸 길이 / 5.5~7mm
◆ 출현기 / 연중
◆ 서식지 / 산지의 숲 속
◆ 국내 분포 / 전국
◆ 국외 분포 / 일본, 러시아
(시베리아 동부)

◐ 나무에 핀 버섯 위에서 발견된다. 2003. 6. 29. 홍천군 삼마치리 (강원)

◆ 몸 길이 / 9~13mm 안팎
◆ 출현기 / 6월~이듬해 3월
◆ 서식지 / 산지의 숲
◆ 국내 분포 / 중부
◆ 국외 분포 / 일본

털보왕버섯벌레
Episcapha fortunei

몸은 긴 타원형으로 등면이 둥글게 솟았는데, 광택이 나는 검은색의 딱지날개에서 앞뒤로 주황색의 톱니무늬가 어우러져 있다. 더듬이의 끝 3마디는 매우 크고 넓적하다. 주로 먹이는 버섯류이다. 죽은 참나무류 줄기의 목질부 속에서 여러 마리가 모여 겨울을 나는 것을 관찰한 적이 있다.

❍ 흐린 날 나뭇잎 위에 날아온다. 2003. 5. 13. 광릉(경기)

모라윗왕버섯벌레
Episcapha morawitzi

'고오람버섯벌레'와 닮았으나 약간 작고, 겹눈 사이의 길이는 눈의 3.5배 정도로 길다. 딱지날개의 앞뒤 무늬가 살아 있을 때에는 선홍색이지만, 죽어서 오래 되면 어두운 붉은색으로 변한다. 등면은 '고오람버섯벌레'보다 더 솟은 느낌이 든다. 참나무류 줄기의 목질부 속에서 여러 마리가 모여 겨울을 나는 것을 관찰한 적이 있다.

◆ 몸 길이 / 11~14mm
◆ 출현기 / 7월~이듬해 5월
◆ 서식지 / 산지의 숲
◆ 국내 분포 / 중부, 남부, 제주도
◆ 국외 분포 / 일본, 중국 북부, 러시아(시베리아 동부)

무당벌레붙이과 [Endomychidae]

'무당벌레' 처럼 반구형 또는 타원형인데, 더듬이가 훨씬 더 길어 쉽게 구별되며, 제1배마디에 마디선이 없는 것으로도 구분된다. 버섯이나 썩은 나무 주위에서 살며, 아직 밝혀지지 않은 종이 많다. 세계에 1300여 종이 알려져 있으며, 우리 나라에는 지금까지 3종만 밝혀져 있다.

○ 땅과 낙엽 위에서 간혹 발견된다. 2000. 5. 19. 아산(충북)

◆ 몸 길이 / 4.7~5mm
◆ 출현기 / 연중
◆ 서식지 / 평지, 강가
◆ 국내 분포 / 중부, 남부
◆ 국외 분포 / 일본, 중국, 타이완, 인도, 동남 아시아
※ 강가의 아카시아나무 고목 껍질 속이나 돌 밑에서 여러 마리가 무리지어 겨울을 난다.

무당벌레붙이
Ancylopus pictus

앞가슴등판은 붉고, 딱지날개는 붉은색이며, 수컷은 중앙부가 왕관 모양으로 움푹 눌려 있으나 암컷은 편평하다. 바탕에 봉합 부위와 그 앞쪽과 뒤쪽으로 검은색 무늬가 발달되어 있다. 특히 검은색의 타원 무늬가 눈에 띈다. 꽤 느리게 움직이는데, 밝은 곳에 노출시키면 어두운 곳으로 파고드는 습성이 있다.

무당벌레과 [Coccinellidae]

울긋불긋한 생김새 때문에 '무당'이라는 이름이 붙었지만, 뒷박을 엎어 놓은 듯해서 '뒷박벌레'라고 불렸던 적도 있다. 식물질을 먹는 일부 종도 있지만 대부분 애벌레와 어른벌레는 진딧물과 같은 작은 곤충을 잡아먹는다. 세계에 4500여 종이 알려져 있으며, 우리 나라에 74종이 있다.

❶ 열석점긴다리무당벌레   ❷ 칠성무당벌레   ❸~❹ 꼬마남생이무당벌레
❺~❻ 열흰점박이무당벌레   ❼~❽ 긴점무당벌레   ❾~❿ 달무리무당벌레
⓫ 노랑무당벌레   ⓬~⓯ 소나무무당벌레

⓰~⓴ 무당벌레　　⓶ 큰황색가슴무당벌레　　⓷ 십이흰점무당벌레
⓸ 곱추무당벌레　　⓹ 큰이십팔점박이무당벌레　　⓺ 십일점박이무당벌레
⓻~⓼ 남생이무당벌레

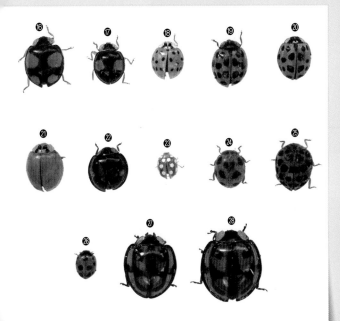

애홍점박이무당벌레
Chilocorus kuwanae

몸은 광택이 강한 검은색 바탕이고, 딱지날개에 1쌍의 작고 둥근 붉은색 무늬가 나타난다. 생김새는 군인들이 쓰는 철모를 연상시키는데, 등이 우뚝 솟은 모습 때문인 것 같다. 야산이나 공원의 다양한 활엽수의 나무 껍질에 붙은 깍지벌레를 먹고 산다. 작은 편이어서 관찰이 쉽지 않지만 이른 봄에 단풍나무와 참나무 등의 나무 껍질을 살펴보면 금방 찾을 수 있다.

◆ 몸 길이 / 3.6~4.3mm
◆ 출현기 / 연중
◆ 서식지 / 평지, 낮은 산지
◆ 국내 분포 / 전국
◆ 국외 분포 / 일본, 중국, 러시아(사할린), 북아메리카
※ 숲 가장자리에 있는 개나리 꽃 속에서 꽃가루를 먹는 모습을 볼 수 있다.

● 딱지날개의 홍점이 아름답다.
 2004. 4. 17. 주금산(경기)

다리무당벌레

Hippodomia tredecimpunctata

몸은 앞가슴등판은 앞과 옆 가두리를 빼고 검은색을 띠지만 중간에 연한 점이나 홈이 나타난다. 딱지날개는 황갈색 바탕에 10개의 검은 점이 있는데, 부분적으로 없어지기도 한다. 전체 모습은 몸이 길쭉한 편이고 다리도 길다. 강변과 같이 습한 환경의 풀밭에서 많이 볼 수 있다.

작은 틈을 헤치며 먹이를 찾고 있다. 2004. 5. 14. 한강변(서울)

- 몸 길이 / 5.5~6mm
- 출현기 / 4~10월
- 서식지 / 강변의 풀밭
- 국내 분포 / 중부, 남부, 북부
- 국외 분포 / 구북구(일본 제외), 인도, 중앙 아프리카

※ 어른벌레는 주로 봄철에 볼 수 있으며, 진딧물을 잡아먹는다.

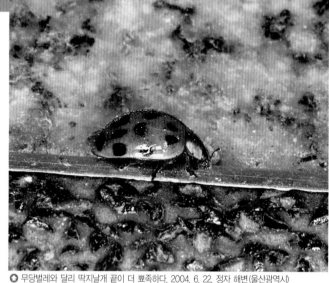

❶ 무당벌레와 달리 딱지날개 끝이 더 뾰족하다. 2004. 6. 22. 정자 해변(울산광역시)

소나무무당벌레
Harmonia yedoensis

어른벌레는 '무당벌레'와 비슷하여 서로 구별하기 어려우나, '무당벌레'와는 달리 딱지날개 끝이 더 뾰족하고 딱지날개 뒷부분 양 테두리가 편평하게 삐져나오지 않은 점으로써 겨우 구별된다. 어른벌레와 달리 애벌레는 이 두 종 사이의 차이가 뚜렷한데, 이 종의 종령 애벌레의 제1~7배마디 가장자리 빛깔이 옅고, 등 중앙의 돌기가 모든 마디에서 검은색을 띤다.

◆ 몸 길이 / 4.8~8mm
◆ 출현기 / 연중
◆ 서식지 / 침엽수림
◆ 국내 분포 / 중부, 남부, 북부
◆ 국외 분포 / 일본, 타이완
※ 봄에 소나무 주위에서 살다
　가 차츰 다른 장소로 옮아
　간다.

◈ 진딧물이 많은 곳에 찾아온다.
2003. 6. 6. 태안군 신두리(충남)

◈ 개망초에 앉아 있는 애벌레 3령
2004. 6. 8. 남춘천(강원)

◆ 몸 길이 / 5~8.5mm
◆ 출현기 / 연중
◆ 서식지 / 평지, 강가, 산지
◆ 국내 분포 / 전국
◆ 국외 분포 / 아시아, 유럽,
　아프리카 북부
※ 이 종과 비슷하지만 더 작
고, 딱지날개의 어깨 쪽에
2개의 반점이 더 있으면
'십일점무당벌레'이고, 점
이 하나 더 있으면 '구성
무당벌레'이다.

칠성무당벌레
Coccinella septempunctata

앞가슴등판은 검은색을 띠고, 앞가두리에 흰색 무늬가 마치 눈처럼 보이며, 딱지날개는 주홍색 바탕에 7개의 둥근 검은색 무늬가 박혀 있다. 국내에서는 매우 흔한 종에 속하며, 이른 봄부터 양지바른 밭둑 같은 곳에 나와 활동하는 것을 볼 수 있다. 애벌레와 어른벌레가 초본 식물에 붙은 진딧물을 먹이로 살아가며, 무더운 한여름에는 쉬는 경향이 있다.

○ 쑥잎 위에서 볼 수 있다. 2004. 5. 16. 주금산(경기)

꼬마남생이무당벌레
Propylea japonica

몸은 '칠성무당벌레'와 '무당벌레'보다 작은 편이다. 등면은 노란색 또는 적갈색을 띠는데, 딱지날개의 검은색 띠무늬가 마치 남생이 등처럼 생겼다. 하지만 무늬 변이가 심하여 최소한 네 가지 형태가 나오는데, 검은 띠무늬가 없어지는 경우뿐 아니라 전체가 검은색인 형태도 있다. 봄부터 가을까지 계속 볼 수 있으며, 무더운 여름에도 왕성하게 활동한다. 산지나 밭가, 하천 주변의 진딧물이 많은 풀밭에서 볼 수 있다.

◆ 몸 길이 / 3~4.5mm
◆ 출현기 / 연중
◆ 서식지 / 평지, 강가, 산기슭
◆ 국내 분포 / 전국
◆ 국외 분포 / 일본, 중국, 러시아(시베리아), 인도차이나, 타이, 인도
※ 높은 산지에 가면 몸이 조금 더 크고 딱지날개 가두리 쪽 무늬가 더 크거나 2개로 나뉜 '큰꼬마남생이무당벌레'가 있다.

❍ 앞가슴등판의 M자 무늬가 독특하다. 1995. 5. 5. 축령산(경기)

◆ 몸 길이 / 7~9mm
◆ 출현기 / 4~6월
◆ 서식지 / 평지, 강가, 산기슭
◆ 국내 분포 / 중부, 남부, 북부
◆ 국외 분포 / 일본, 러시아(연해주)

달무리무당벌레
Anatis halonis

비교적 몸이 크고, 앞가슴등판의 연미색 바탕에 M자 모양의 검은 무늬가 독특하다. 딱지날개는 주홍색 바탕에 흰 원무늬가 있는데, 그 가운데에 검은색 점무늬가 나타나곤 한다. 이것이 달무리가 진 것처럼 보여 '달무리무당벌레' 라는 이름을 갖게 되었다. 봄에 애벌레가 소나무류에서 왕진딧물을 잡아먹고 자라지만, 어른벌레가 되면 그 주변의 활엽수나 풀밭 등으로 자리를 옮기기도 한다.

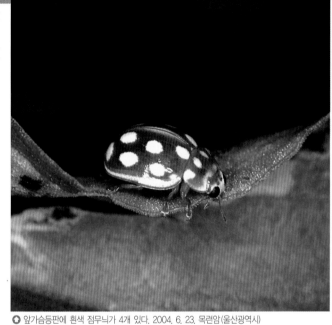

○ 앞가슴등판에 흰색 점무늬가 4개 있다. 2004. 6. 23. 목련암(울산광역시)

네점가슴무당벌레
Calvia muiri

몸은 주황색 바탕에 황백색 또는 흰색의 둥근 무늬가 있는데, 앞가슴등판에는 4개의 작은 흰색 점무늬가 있고, 딱지날개에는 2-2-2-1쌍씩 일정하게 황백색 점무늬가 배열되어 있다. 주로 느티나무와 참나무류에 사는 진딧물을 먹고 산다.

◆ 몸 길이 / 4∼6mm
◆ 출현기 / 6∼8월
◆ 서식지 / 평지, 낮은 산지의 풀밭
◆ 국내 분포 / 중부, 남부
◆ 국외 분포 / 일본, 중국
※ 앞가슴등판에 점무늬가 4개 있어서 '네점가슴'이라는 이름이 붙여졌다.

○ 우리 나라 무당벌레 중 가장 크다. 2002. 5. 10. 설악산(강원)

◆ 몸 길이 / 8~13mm
◆ 출현기 / 4~6월, 10월
◆ 서식지 / 평지, 강가, 산기슭
◆ 국내 분포 / 전국
◆ 국외 분포 / 일본, 중국, 타
  이완, 네팔, 인도 북부
※ 간혹 딱지날개가 검은색인
  개체도 나타난다.

남생이무당벌레
Aiolocaria hexaspilota

우리 나라 무당벌레 중에서 가장 몸이 클 뿐만 아니라 반구형으로 생겼다. 붉은 바탕의 딱지날개에 검은색 반점 띠가 기하학적으로 나 있으며, 거북이 등의 무늬를 닮았다. 다른 무당벌레와 달리 큰 만큼 진딧물보다는 버드나무잎벌레와 호두나무잎벌레 등의 애벌레를 주로 먹고 산다. 겨울을 준비하기 위해 늦가을에는 무리지어 모이는 습성이 있다.

◐ 비 오는 날 풀잎 위에 바짝 붙어 있는 중이다. 2004. 5. 10. 양평(경기)

유럽무당벌레

Calvia quatuordecinguttata

몸은 황갈색 바탕에 흰 무늬가 앞가슴등판과 딱지날개 위에 있다. 이 흰 무늬는 딱지날개 한쪽에만 1-3-2-1로 배열한다. 때에 따라 몸의 붉은 기가 더 짙어지거나 흑갈색으로 보이는 개체도 있다. 봄철 보리수나무에서 나무이를 먹고 사는데, 어른벌레가 되면 분산하여 길가나 개울가 주변의 풀밭에서도 볼 수 있다. 비교적 흔한 종이다.

◆ 몸 길이 / 5~6mm
◆ 출현기 / 5~7월
◆ 서식지 / 산지의 숲과 가장자리
◆ 국내 분포 / 전국(울릉도 제외)
◆ 국외 분포 / 일본, 중국, 러시아, 중앙 아시아, 유럽

184

○ 감자나 구기자의 잎을 먹는다. 2002. 9. 17. 한택식물원(경기)

◆ 몸 길이 / 7~8.5mm
◆ 출현기 / 4~10월
◆ 서식지 / 평지, 강가
◆ 국내 분포 / 전국
◆ 국외 분포 / 일본, 중국, 러시아(시베리아 동부)
※ 우리 나라 남부 지방에는 이 종과 거의 닮은 '이십팔점박이무당벌레'라는 종도 산다.

큰이십팔점박이무당벌레
Epilachna vigintioctomaculata

등면이 유난히 볼록한 형으로 바탕은 황갈색이며, 등면 전체에 황갈색의 잔털이 나 있다. 딱지날개 위에 검은 점이 많으며, 부분적으로 없어지기도 하지만 기본으로 촘촘히 14쌍이 박혀 있다. 애벌레와 어른벌레 모두 감자나 구기자, 까마중 등의 가지과 식물의 잎을 갉아먹고 산다. 오랫동안 감자의 해충으로 알려져 왔다.

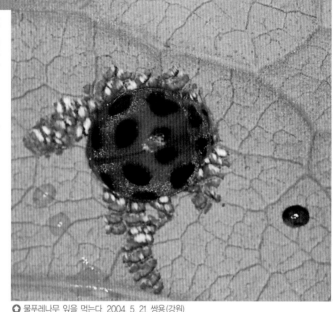

◯ 물푸레나무 잎을 먹는다. 2004. 5. 21. 쌍용(강원)

곱추무당벌레
Epilachna quadricollis

등면이 황갈색 바탕에 털이 나 있어 다른 무당벌레와 쉽게 구별된다. 앞가슴등판에는 4개의 검은색 점이 있거나 양쪽으로 2개씩 융합되어 가로로 긴 반점처럼 보인다. 딱지날개 위에 검은 점이 5쌍 있는데, 특히 어깨 부분의 반점이 튀어나온 어깨를 초승달처럼 둘러싸고 있다.

◆ 몸 길이 / 4~5.5mm
◆ 출현기 / 5~6월
◆ 서식지 / 낮은 산지
◆ 국내 분포 / 북부, 중부, 남부
◆ 국외 분포 / 중국, 러시아
※ 5~6월경에 물푸레나무나 쥐똥나무의 잎 아래에 붙어 엽육을 갉아먹는 어른벌레와 애벌레를 볼 수 있다.

꽃벼룩과 [Mordellidae]

위에서 보면 머리와 앞가슴등판이 삼각형처럼 보이고, 딱지날개 밑으로 배끝마디의 등판(미절판)이 바늘처럼 뾰족하다. 항상 머리와 앞가슴등판을 앞으로 구부리는 자세를 한다. 뒷다리는 뜀뛰기에 이용하며 벼룩처럼 튀는 습성이 있다. 세계적으로 1500여 종이 알려져 있으며, 우리 나라에 13종이 있다.

● 해당화 꽃에서 짝짓기 2004. 5. 22. 태안군 신두리(충남)

◆ 몸 길이 / 4.9~7.5mm
◆ 출현기 / 5~7월
◆ 서식지 / 평지나 산지의 풀밭
◆ 국내 분포 / 전국
◆ 국외 분포 / 일본, 중국 동북부, 러시아(사할린, 시베리아), 몽골, 유럽
※ 꽃벼룩류는 생김새가 비슷하므로, 구별을 위해서 전문가의 도움이 필요하다. 그러나 국내에는 아직 연구자가 없다.

꽃벼룩류
Mordellistena sp.

몸은 전체가 검고 광택이 난다. 앞가슴등판의 양 가장자리를 비롯하여 딱지날개 군데군데에 담황색 광택이 난다. 배끝마디는 긴 삼각모양으로 뾰족하게 튀어나와 있다. 아주 흔한 종으로, 어른벌레는 해당화, 찔레나무, 개망초, 양지꽃 등에 날아오며, 건드리면 툭 튀어 날아오른다.

거저리과 [Tenebrionidae]

　생김새가 둥글거나 원통형, 납작한 모양 등 매우 다양한 무리이다. 각각을 구별할 때 다리 모양과 이들이 나온 가슴 부분의 생김새를 잘 살펴보아야 한다. 썩은 나무 주위에서 볼 수 있는 경우가 많으며, 검고 다리가 길어 처음 보는 사람은 섬뜩한 기분이 들기도 한다. 전세계에 1만 6천여 종이 알려져 있으나, 우리 나라에는 70여 종만이 알려져 있을 뿐이다.

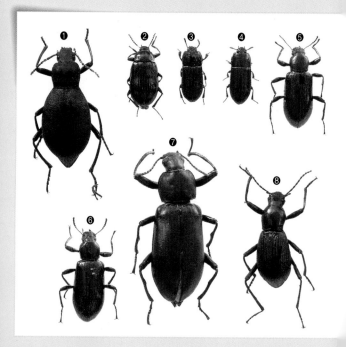

❶ 큰거저리   ❷ 줄무당거저리   ❸~❹ 우묵거저리
❺~❻ 보라거저리   ❼ 대왕거저리   ❽ 극동긴맴돌이거저리
❾ 맴돌이거저리   ❿~⓫ 산맴돌이거저리   ⓬ 강변거저리
⓭ 별거저리   ⓮ 호리병거저리   ⓯ 금강산거저리

❀ 썩은 나무에서 살아간다.
2000. 5. 7. 여주(경기)
❀ 나무 속에서 겨울을 난다.
2004. 3. 21. 천마산(경기)

구슬무당거저리

Ceropria induta

몸은 전체가 타원형이며, 바탕색은 검은색으로 광택이 강하다. 특히 딱지날개는 보랏빛 광채가 보는 각도에 따라 다르게 보여, 꽤 이색적으로 느껴진다. 가운뎃다리와 뒷다리의 넓적다리마디는 안쪽으로 약간 굽어 있다. 겨울나기는 어른벌레로 하며, 참나무 고목의 목질부 사이에서 지내는 것을 발견한 적이 있다.

◆ 몸 길이 / 10mm 안팎
◆ 출현기 / 5~9월
◆ 서식지 / 산지의 숲
◆ 국내 분포 / 중부, 남부
◆ 국외 분포 / 일본, 중국, 타이완, 필리핀, 동남 아시아, 인도
※ 참나무와 오리나무, 소나무 등에 있는 균류를 먹는다.

❂ 죽은 나무 속에서 월동한다.
2004. 3. 14. 검단산(경기)
❂ 죽은 나무에서 살아간다.
2000. 5. 7. 여주(경기)

◆ 몸 길이 / 9~12.5mm
◆ 출현기 / 연중
◆ 서식지 / 산지의 숲 속
◆ 국내 분포 / 중부, 남부, 제주
◆ 국외 분포 / 일본

우묵거저리
Uloma latimanus

몸은 검은색 또는 붉은 기가 있는 검은색이다. 수컷의 앞가슴등판은 불규칙하게 들어가 있다. 숲 속에 가로놓인 참나무, 소나무, 물푸레나무의 목질부 사이에 들어가 집단으로 겨울을 나는데, 꽤 수가 많다. 애벌레는 연노란색으로 가늘고 길어 보이며, 어른벌레들과 함께 발견되기도 한다. 손으로 잡으면 고약한 냄새를 풍긴다.

191

○ 저장 곡물을 먹는다.
2001. 2. 8. 수원(경기)

○ 2001. 2. 8. 수원(경기)

갈색거저리

Tenebrio molitor

몸은 적갈색을 띤 검은색으로, 앞가슴등판 아래쪽으로 도랑 모양의 홈이 움푹 패어 있다. 딱지날개에 홈줄이 일정하게 나 있다. 세계적으로 유명한 저장 곡물의 해충으로, 실험실 내에서 간단하게 기를 수 있어 여러 실험용 재료로 이용되고 있다.

◆ 몸 길이 / 11~15mm
◆ 출현기 / 연중
◆ 서식지 / 저장 곡물이 있는 곳
◆ 국내 분포 / 전국
◆ 국외 분포 / 세계 각지

○ 밤에 불빛 주위에서 돌아다니고 있다. 2004. 6. 6. 홍천군 삼마치리(강원)

◆ 몸 길이 / 10~11mm

◆ 출현기 / 4~8월

◆ 서식지 / 강변이나 개천가의 모래가 있는 곳

◆ 국내 분포 / 중부, 남부, 제주도

◆ 국외 분포 / 일본, 중국, 타이완

강변거저리

Heterotarsus carinula

몸은 넓고 납작해 보이며, 광택이 별로 나지 않는 검은색이다. 앞가슴등판 어깨는 뾰족하게 튀어나왔고, 딱지날개의 세로홈은 상하게 패어 있어 뚜렷하다. 주로 모래가 많은 강변이나 개울가에 살며, 돌 밑이나 죽은 나뭇가지에 올라가 붙어 있는 경우가 많다. 현재 한 강변에서 많이 찾아볼 수 있다.

○ 버섯이 있는 썩은 나무에 산다. 2003. 7. 23. 방태산(강원)

산맴돌이거저리
Plesiophthalmus davidis

몸은 검은색을 띠는데, 광택이 없어 닮은 종들과 구별하기 쉽다. 몸은 뒤쪽으로 갈수록 넓어지는 경향이 있으며, 등 쪽은 급하게 솟아 있다. 매우 흔한 종으로, 썩은 나무 주위를 맴돌 때가 많다. 인기척에 그다지 놀라지 않으며, 황갈색으로 길어 보이는 애벌레도 썩은 목질부를 먹고 자란다.

◆ 몸 길이 / 15~18mm
◆ 출현기 / 5~9월
◆ 서식지 / 산지의 숲 속
◆ 국내 분포 / 중부, 남부
◆ 국외 분포 / 중국(중부, 북부)

거저리과 : 잎벌레붙이아과 [Lagriinae]

잎벌레와 닮았지만 몸이 연약하고 계통상 전혀 다른 분류군이다. 더듬이와 각 다리는 가늘고 길다. 어른벌레와 애벌레 모두 잎, 꽃, 썩은 나무 위에 있다가 식물질을 먹는다. 드물게 모래땅에서 발견된다. 세계에 2300여 종이 알려져 있으며, 우리 나라에 4종이 있는데, 과거에는 별도로 과 수준으로 독립되었으나 대부분의 연구자들은 거저리과에 포함하여 다루고 있다.

◐ 참나무 줄기 속에서 번데기가 된다. 1990. 5. 22. 주금산(경기)

◆ 몸 길이 / 14~19mm
◆ 출현기 / 5~9월
◆ 서식지 / 숲 가장자리
◆ 국내 분포 / 중부, 남부
◆ 국외 분포 / 우리 나라 고유종이다.
※ 잎벌레붙이 무리 중 우리 나라에서 가장 큰 종이다.

큰남색잎벌레붙이
Cerogria janthinipennis

6월의 숲 가장자리의 건조한 땅 위에서 자주 보이는 곤충으로, 몸은 검은 보랏빛이 나고 가늘고 긴 회백색 털로 덮여 있다. 매우 느리게 걸어다니기 때문에 '나무늘보'와 같은 인상을 준다. 5월 초에 썩은 나무 껍질을 벗겨내면 붙어 있는 번데기를 볼 수 있다.

❂ 낙엽 위를 기어가고 있다. 2000. 6. 21. 홍천군 홍천읍(강원)

털보잎벌레붙이
Lagria nigricollis

'큰남색잎벌레붙이'에 비해 몸이 훨씬 작다. 몸은 검은색인데 딱지날개는 적갈색을 띤다. 몸 전체가 황갈색의 긴 털로 빽빽하게 덮여 있다. 어른벌레는 풀잎이나 꽃 위 또는 낙엽 위를 느릿느릿 걸어다니는 모습이 간혹 눈에 띈다. 애벌레는 썩은 나무나 껍질 속에서 산다.

◆ 몸 길이 / 6~8mm
◆ 출현기 / 4~8월
◆ 서식지 / 낙엽 활엽수림
◆ 국내 분포 / 중부, 남부, 제주도
◆ 국외 분포 / 일본, 중국, 러시아(시베리아 동부)
※ 원래 이름은 '잎벌레붙이'였으나 털이 길고 많아서 '털보잎벌레붙이'로 바뀌었다.

거저리과 : 썩덩벌레아과 [Alleculinae]

　거저리과의 한 무리로 취급하는 것이 일반적이다. 몸이 가늘고 발톱 생김새가 빗살 모양이다. 썩은 나무의 껍질 속에서 볼 수 있으며, 꽃이나 잎에서도 보인다. 어른벌레는 꽃가루를 먹는 것으로 보이나, 애벌레는 고목의 목질부를 먹는 것으로 알려져 있다. 세계에 1500여 종이 알려져 있으며, 우리 나라에 10종이 있다.

❶ 움직임이 그다지 빠르지 않다. 2004. 5. 22. 태안군 신두리(충남)

◆ 몸 길이 / 10~14mm
◆ 출현기 / 5~9월
◆ 서식지 / 평지나 낮은 산지의 풀밭
◆ 국내 분포 / 중부
◆ 국외 분포 / 일본, 중국
※ 간혹 해안 지대의 풀밭에서 관찰된다.

노랑썩덩벌레
Cteniopinus hypocria

　몸은 전체가 노란색을 띠고, 등 쪽이 통통하게 부어오른 모습이다. 더듬이와 다리에서 종아리마디 이하 부분만 검다. 낮은 산지나 평지 쪽의 낮은 풀 사이에서 볼 수 있다. 여러 꽃에 모여들어 꽃가루를 먹거나 썩은 나무를 먹는 것으로 알려져 있으나, 어른벌레의 습성에 대한 관찰 기록이 적다.

하늘소붙이과 [Oedemeridae]

'하늘소'와 닮았다 하여 붙여진 이름으로, 꽃에서 흔히 볼 수 있다. 앞가슴등판의 아랫부분의 너비는 딱지날개의 어깨 부분의 너비보다 뚜렷하게 좁다. 딱지날개는 '하늘소'와 달리 연약한 편이며, 손으로 집으면 몸이 말랑거린다. 일부의 종에서 몸에 독성을 포함하는 종류가 있으므로 주의해서 만져야 한다. 세계적으로는 1000여 종이 기록되어 있고, 우리 나라에 23종이 알려져 있으며, 최근에 이에 대한 연구가 진행되고 있다.

❶ 녹색하늘소붙이　　　❷ 노랑가슴하늘소붙이　　　❸ 아무르하늘소붙이
❹ 청색하늘소붙이　　　❺ 큰노랑하늘소붙이　　　❻ 노랑하늘소붙이

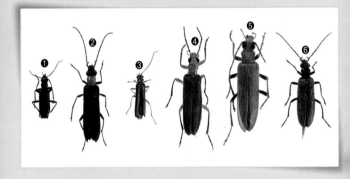

○ 여러 꽃에 잘 날아온다. 2000. 7. 1. 광교산(경기)

◆ 몸 길이 / 9~13mm
◆ 출현기 / 6~9월
◆ 서식지 / 낙엽 활엽수림
◆ 국내 분포 / 전국
◆ 국외 분포 / 일본
※ '하늘소붙이'라기보다 '하늘소'의 한 종으로 착각하는 경우가 있다.

노랑하늘소붙이
Xanthochroa luteipennis

몸은 검은색이며, 딱지날개는 황갈색으로 광택이 있다. 어른벌레는 여러 꽃에 모이는데, 밤에는 불빛에 날아드는 경우도 많다. 애벌레는 썩은 침엽수의 줄기 속에서 살며, 그 속에서 번데기가 된다. 이따금 오후에 풀잎 위에서 꼼짝 않고 앉아 있는 일이 있다.

❂ 한라산의 바늘엉겅퀴 꽃에 날아온다. 1997. 7. 26. 한라산(제주)

녹색하늘소붙이

Chrysarthia integricollis

몸은 녹색을 띠고 광택이 나는 예쁜 종이다. 머리와 앞가슴등판이 딱지날개보다 더 진한 색을 띤다. 앞가슴은 너비보다 길어 길쭉해 보인다. 수컷의 앞다리와 가운뎃다리에서 넓적다리마디의 끝은 노란색을 띤다. 사진에서 왼쪽이 수컷이고 오른쪽이 암컷인데, 이처럼 꽃 위에서 만나 짝짓기를 하는 일이 많다.

◆ 몸 길이 / 5~7mm
◆ 출현기 / 4~5월
◆ 서식지 / 산지의 풀밭
◆ 국내 분포 / 전국
◆ 국외 분포 / 일본, 러시아
（연해주, 사할린, 시베리아）
※ 맑은 날 엉겅퀴 꽃이나 곰취 등의 꽃에 모이며, 몸에 꽃가루가 범벅이 될 때까지 오래 앉아 있는 경우가 많다.

○ 이른 봄 꽃에 날아온다. 2004. 4. 11. 주금산(경기)

◆ 몸 길이 / 8~12mm
◆ 출현기/ 4~6월
◆ 서식지/ 숲 가장자리
◆ 국내 분포/ 전국
◆ 국외 분포/ 중국
※ 그 동안 정리가 잘 되지 않아 '노랑가슴하늘소붙이'로도 많이 알려져 있으나, 완전히 다른 종이다.

알통다리하늘소붙이
Oedemeronia lucidicollis

머리와 딱지날개는 어두운 푸른색을 띠고, 올록볼록하게 생긴 앞가슴등판만 붉은색을 띤다. 수컷만 뒷다리의 넓적다리마디가 부풀어 있어 남성의 알통 다리를 연상시킨다. 주로 이른 봄에 세잎양지꽃, 버드나무, 민들레의 꽃에 모여 꽃가루를 먹는 습성이 있으며, 한 꽃에 여러 마리가 모여 있기도 한다.

목대장과 [Stenotrachelidae]

몸은 가늘고 길어 보이며, 머리가 튀어나와 있다. 더듬이는 보통 11마디로 이루어져 있으며, 발톱에는 큰 살덩이 같은 욕반을 갖고 있다. 산 가장자리 풀밭에서 쉬지 않고 걸어다니는 모습을 관찰할 수 있다. 세계에 20여 종이 알려져 있으며, 우리 나라에 3종이 있다.

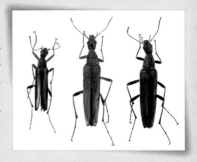

❀ 몸의 색채 변이가 심하다. 2004. 5. 23. 춘천시 남면 가정리(강원)

목대장
Cephaloon pallens

몸의 색채 변이가 심한 종류로, 등 쪽은 엷은 노란색의 짧은 털로 덮여 있다. 보통 색채 변이와 관계 없이 딱지날개의 날개 봉합부와 양 가장자리는 검게 보이는 일이 많다. 머리는 작고, 몸 전체가 가늘게 보여 '하늘소붙이'와 비슷하다. 꽃이나 풀잎 위에서 발견된다.

◆ 몸 길이 / 12~14mm
◆ 출현기 / 5~6월
◆ 서식지 / 산지의 풀밭, 관목 주위
◆ 국내 분포 / 북부, 중부
◆ 국외 분포 / 일본, 중국 동북부, 러시아(사할린, 시베리아 동부)
※ 밤에 가로등 같은 불빛에 날아들기도 한다.

가뢰과 [Meloidae]

몸이 연약하고, 머리의 크기에 비해 눈이 작다. 더듬이는 11마디로 선처럼 되어 있으나, 부분적으로 구슬이나 채찍처럼 생기기도 한다. 체액에 '칸타리딘'이라는 독 성분이 있는데, 이것에 닿으면 물집 같은 염증이 생긴다. 어른벌레는 식물의 잎을 먹는다. 애벌레는 꽃벌류나 메뚜기 등의 기생 곤충이며, 성장 과정이 매우 복잡한 무리이다. 일부의 종 사이에서는 차이가 크지 않아 구별하기가 쉽지 않다. 세계에 3000여 종이 알려져 있으며, 우리 나라에 20종이 있다.

❶~❷ 청가뢰　　　　❸ 먹가뢰　　　　❹ 황가뢰
❺ 애남가뢰　　　　❻ 둥글목가뢰

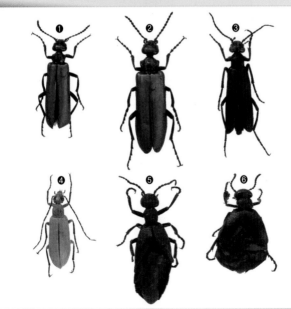

❂ 콩과 식물 잎 위에서 발견된다. 2003. 5. 18. 사명산(강원)

먹가뢰

Epicauta chinensis

몸은 전체가 검은색이지만 머리의 눈 주위로 붉은 무늬가 유난히 커 보여 쉽게 구별되는 종이다. 주로 5~6월에 산지의 콩과 식물에 잘 붙는데, 고삼과, 갈퀴나물과 같은 콩과 식물의 꽃과 열매를 잘 먹는다. 애벌레는 메뚜기류의 알을 먹는 것으로 알려져 있다. 과거에는 매우 흔했으나 요즘 드물어지는 편이다. 하지만 가뢰과 전체로 보면 가장 흔한 종이다.

◆ 몸 길이 / 14~20mm
◆ 출현기 / 5~6월
◆ 서식지 / 산지의 풀밭
◆ 국내 분포 / 전국
◆ 국외 분포 / 일본(대마도), 중국
※ 수컷 더듬이의 제3~6마디는 안쪽으로 강하게 돌출하여 톱니처럼 보인다.

◐ 이른 봄 따뜻한 풀밭 위를 열심히 기어다닌다. 1992. 4. 5. 쌍용(강원)

◆ 몸 길이 / 14~30mm
◆ 출현기 / 3~5월
◆ 서식지 / 산지의 풀밭
◆ 국내 분포 / 중부, 남부
◆ 국외 분포 / 일본, 중국 북부, 러시아, 유럽
※ 봄철 맑은 날 잡초 사이를 기어다니는 모습이 심심치 않게 관찰되나 움직임이 꽤 느린 편이다.

남가뢰
Meloe proscarabaeus

온몸이 보랏빛을 지닌 검은색으로, 배가 비정상적일 정도로 큰 특이한 모습이다. 짧아 보이는 두 장의 딱지날개가 비대칭으로 벌어져 있어 딱정벌레가 아니라는 생각이 든다. 수컷 더듬이는 제6~7마디가 매우 넓어져 있으므로 이 부분이 뚜렷한 암수 구별점이 된다. 암컷은 5000여 개의 작고 노란 알을 땅 속에 낳는다. 부화한 애벌레는 꽃벌류의 다리에 붙어 벌집에 들어가 기생하며, 가을에 어른벌레가 된 뒤 겨울을 난다고 한다.

❂ 불빛에 날아와 스크린에 붙어 있다. 2002. 7. 5. 치악산(원주)

황가뢰

Zonitis japonica

몸 빛깔이 살아 있을 때에는 유백색이나 유황색을 띠지만 표본은 황갈색이며, 등면에는 미세한 털이 나 있다. 머리에 비해 커 보이는 겹눈, 가늘고 긴 더듬이, 그리고 다리의 종아리마디와 발목마디만은 검은색을 띠고 있으므로 쉽게 알 수 있다. 수컷은 암컷에 비해 겹눈이 커서 눈 사이의 거리가 좁아 보인다. 애벌레는 '왕가위벌' 등과 같은 꽃벌류의 둥지에 기생한다고 하는데, 특히 대롱 트랩을 설치한 곳에서 '가위벌'에 기생한 많은 개체들을 확인하였다. 어른벌레가 많은 산지에서 낮에는 꽃에 모이며, 밤에 불빛에 잘 날아든다.

◆ 몸 길이 / 9~22mm
◆ 출현기 / 6~8월
◆ 서식지 / 산지 주변
◆ 국내 분포 / 북부, 중부, 남부
◆ 국외 분포 / 중국, 타이완, 일본
※ 어른벌레는 위협을 느끼면 죽은 척하기도 하고, 각 다리의 허벅지마디와 종아리마디 사이의 관절에서 노란색 액체를 분비한다(반사출혈).

홍날개과 [Pyrochroidae]

더듬이가 톱니 모양이나 가지 모양으로 11마디이고, 딱지날개의 너비에 비해 앞가슴등판의 밑부분의 너비가 좁다. 썩은 나무에서 살며, 숲과 그 주변을 날아다닌다. 세계에 130여 종이 알려져 있으며, 우리 나라에 5종이 있는데, 각 종 사이의 특징이 명확하게 밝혀져 있지 않다.

○ 애벌레는 썩은 나무에 산다. 2004. 4. 24. 주금산(경기)

◆ 몸 길이 / 7~10mm
◆ 출현기 / 3~5월 초
◆ 서식지 / 숲
◆ 국내 분포 / 중부
◆ 국외 분포 / 일본 중북부
※ 개나리꽃과 같은 봄꽃에서 꽃가루를 먹는다.

홍날개
Pseudopyrochroa rufula

머리는 검은색이고, 나머지 등면은 광택이 나는 붉은색으로 햇빛을 받으면 빛난다. 이른 봄부터 따스한 날에는 잘 날아다니며, 가끔 흰옷에 날아오면 꼼짝 않고 앉아 있는 경우도 있다. 암컷은 물푸레나무 등 여러 나무의 죽은 줄기의 껍질 사이에 알을 낳으며, 애벌레는 썩은 목질부에서 자라므로 떨어진 나무 줄기를 벗겨 내면 쉽게 발견된다.

하늘소과 [Cerambycidae]

더듬이가 유난히 길며, 자기 몸의 몇 배가 되기도 한다. 긴 원통형으로 앞다리의 밑마디가 옆으로 뻗는다. 아름다운 색이나 무늬로 된 종류가 많아 이 무리에 관심을 갖는 애호가가 많다. 애벌레는 대부분 나무 속에서 목질부를 먹고 산다. 어른벌레는 어린 가지의 껍질이나 잎, 꽃가루 따위를 먹는다. 의태(흉내내기)를 하는 종류가 꽤 있다. 우리 나라에 300여 종이 있다.

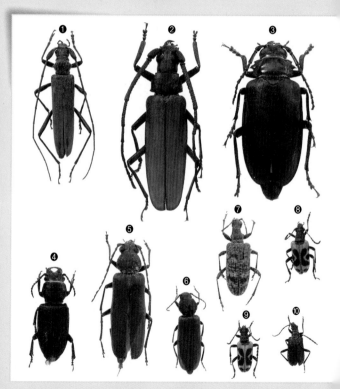

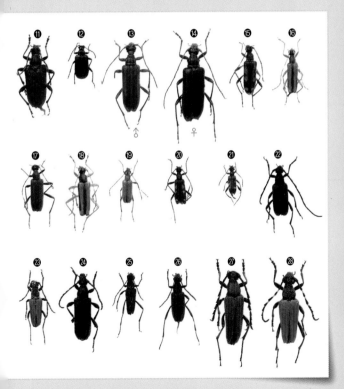

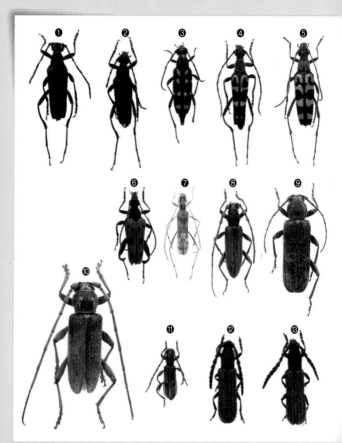

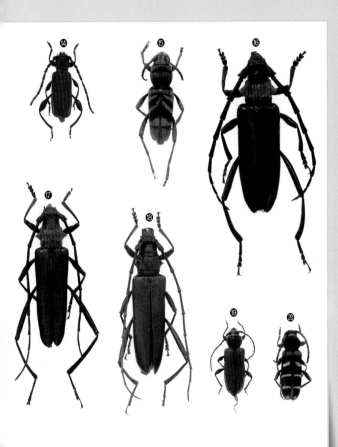

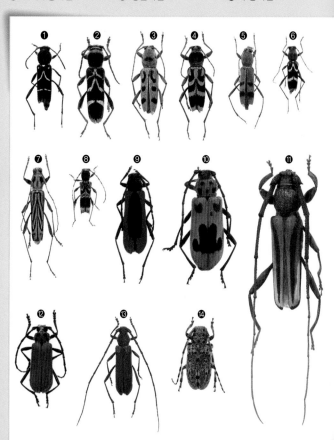

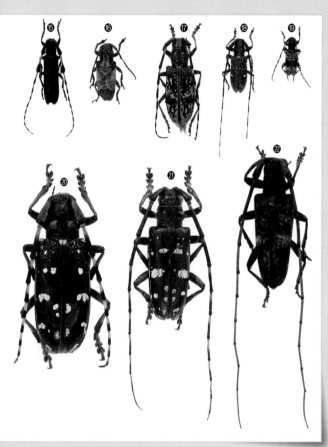

❶ 화살하늘소　　❷ 울도하늘소　　❸ 염소하늘소
❹ 굴피염소하늘소　　❺ 테두리염소하늘소　　❻ 털두꺼비하늘소
❼ 모시긴하늘소

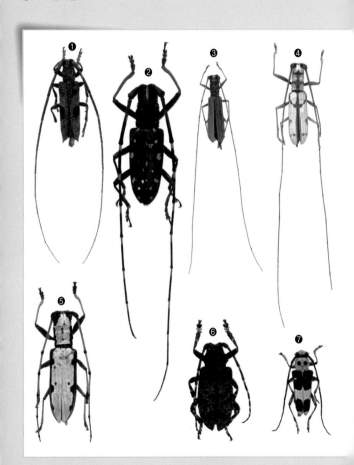

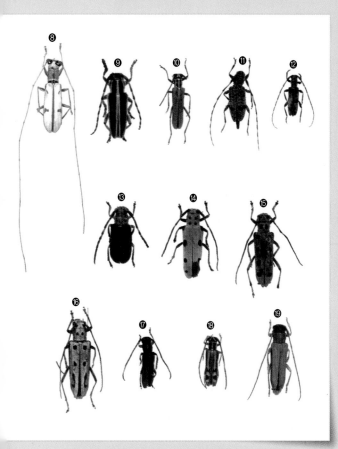

① 뽕나무하늘소　　② 하늘소　　③ 참나무하늘소
④ 점박이수염하늘소　　⑤ 장수하늘소　　⑥ 사과하늘소
⑦ 홀쭉사과하늘소

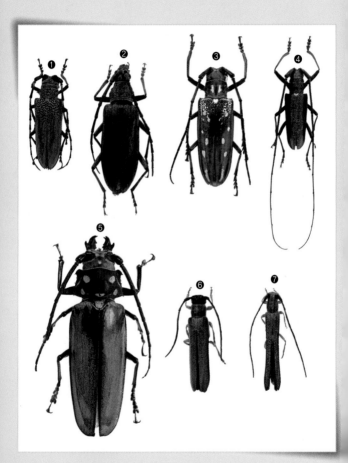

❍ 버드나무 벌채목에서 발견된다. 2003. 7. 4. 청계산(경기). 강의영 제공

◆ 몸 길이 / 30~55mm
◆ 출현기 / 5~9월
◆ 서식지 / 산지
◆ 국내 분포 / 전국
◆ 국외 분포 / 일본, 중국, 타이완
※ 어른벌레는 야행성으로 밤에 불빛에 잘 날아오며, 도시의 공원 등 우리 주변에서 흔히 볼 수 있는 종이다.

버들하늘소
Megopis sinica

몸은 적갈색이나 어두운 갈색 또는 흑갈색을 띠며 전체가 어둡다. 더듬이의 첫마디는 굵고 나머지는 그만 못하다. 딱지날개는 2개의 세로로 융기된 줄이 뚜렷하다. 암컷은 원통형의 산란관이 길게 나 있어 수컷과 구별하기 쉽다. 가로수용으로 심거나 인가 주변에 많은 은수원사시나무 또는 버드나무의 속을 애벌레가 파먹어 태풍에 쓰러져 있는 것을 볼 수 있다.

❂ 더듬이가 톱날 모양이다. 2003. 7. 29. 점봉산(강원)

톱하늘소
Prionus insularis

몸은 전체가 검은색이나 가끔 갈색인 개체도 있다. 더듬이는 우리 나라에서 유일하게 12마디 이며, 수컷 더듬이는 톱날 모양으로 두드러지지 만 암컷은 가늘다. 앞가슴등판은 길이가 짧은데 매우 넓어 보이며, 옆가두리의 앞쪽으로 날카로 운 돌기가 2개 나 있다. 애벌레는 침엽수 또는 쓰러진 밤나무나 참나무 등의 속에서 사는 것으 로 알려져 있다. 어른벌레는 야행성으로, 밤나 무나 소나무 등에 붙어 있는 것을 볼 수 있다.

◆ 몸 길이 / 23~48mm
◆ 출현기 / 5~9월
◆ 서식지 / 산지
◆ 국내 분포 / 전국
◆ 국외 분포 / 일본, 중국

◎ 위세 있는 모습에 비해 큰턱은 그리 강하지 않다. 2000. 7. 31. 광교산(경기)

◎ 잣나무 숲 아래에서 발견된다. 1990. 7. 17. 주금산(경기)

● 소나무 줄기에 붙어 있다. 2003. 8. 10. 오대산(강원). 강의영 제공

검은넓적하늘소
Megasemun quadricostulatum

같은 속 하늘소 중에서 가장 큰데, 수컷은 짙은 밤색이나 암컷은 검은색을 띠어 암수가 다를 때가 있다. 수컷 더듬이도 같은 속 하늘소 중에서 가장 길고 굵다. 침엽수림이 많은 높은 산지에 살며, 침엽수 벌채목 주위에서 발견된다. 어두워질 무렵부터 날아다니는데, 산지의 주차장, 산장 등의 등불에 날아온 것이 자주 발견된다.

◆ 몸 길이 / 17~30mm
◆ 출현기 / 7~8월
◆ 서식지 / 침엽수림
◆ 국내 분포 / 강원도
◆ 국외 분포 / 일본, 중국, 러시아(사할린, 시베리아 동부)

◯ 엉거주춤한 자세가 재미있다. 2001. 5. 3. 가평(경기). 강의영 제공

◆ 몸 길이 / 9~20mm
◆ 출현기 / 4~7월
◆ 서식지 / 침엽수림
◆ 국내 분포 / 전국
◆ 국외 분포 / 일본, 중국, 타이완, 몽골, 러시아(사할린, 시베리아), 유럽, 아프리카 북부

※ 여러 하늘소류를 한꺼번에 관찰하려면 벌목장을 방문하는 것이 좋다.

소나무하늘소
Rhagium inquisitor

몸은 갈색을 띠며, 가슴과 딱지날개등판에 홈이 발달해 있다. 가슴의 너비가 유난히 좁아 보이고 딱지날개가 상대적으로 넓어 보인다. 흔한 종으로, 소나무를 비롯한 침엽수의 고사목이나 벌채목에 잘 모이는데, 줄기에 앉아 있으면 나무 껍질과 비슷해서 분간하기 어렵다. 주로 봄에 많이 보이고 여름에는 적게 보인다. 애벌레는 분비나무에서 사는 경우만 확인되었다.

221

◆ 딱지날개의 무늬가 다양하다.
   2001. 5. 5. 명지산(경기)
◆ 동의나물에 잘 날아온다.
   2004. 4. 21. 주금산(경기)

봄산하늘소

Brachyta amurensis

이른 봄에 피는 노란 꽃에 날아오는데, 특히 양지꽃, 동의나물, 피나물 등에 잘 날아온다. 꽃 위에서 꽃가루를 먹으면서 짝짓기를 하는 경우도 있으며, 이 때 다른 수컷이 와서 방해를 하는 경우도 있다. 비교적 작은 종류로, 딱지날개는 노란색 바탕에 검은색 무늬가 X자 모양으로 나타나는데, 굵기와 크기에 변이가 많으며, 간혹 전체가 검게 보이는 개체도 있다.

◆ 몸 길이 / 8~10mm
◆ 출현기 / 4~6월
◆ 서식지 / 산지의 숲 속
◆ 국내 분포 / 북부, 중부, 남부
◆ 국외 분포 / 중국 동북부, 극동 러시아

● 계곡의 죽은 나무에 붙어 있다. 2003. 5. 18. 사명산(강원)

◆ 몸 길이 / 9~13mm
◆ 출현기 / 5~7월
◆ 서식지 / 침엽수림
◆ 국내 분포 / 지리산 이북
◆ 국외 분포 / 중국 동북부, 러시아(사할린, 시베리아)
※ 북방 계열에 속하는 종이다.

청동하늘소
Ganrotes ussuriensis

몸은 녹색 기가 있는 청동색이다. 더듬이와 다리는 적갈색과 청동색이 번갈아 나타난다. 딱지날개 어깨 부분의 양쪽은 볼록하게 튀어나와 보이나 아래로 갈수록 너비가 좁아진다. 침엽수림의 계곡 주변에 핀 신나무 꽃에 날아오며, 침엽수의 고사목이나 벌채목에 알을 낳기 위해 암컷들이 모이는 것을 볼 수 있다.

○ 쥐오줌풀 꽃에 날아왔다. 2004. 5. 30. 삼척군 추동리(강원)

줄각시하늘소

Pidonia gibbicolis

머리와 앞가슴등판은 검은색이고, 딱지날개는 연한 노란색을 띠는데, 날개의 봉합부와 양 가장자리는 검은색이다. 가운뎃다리와 뒷다리의 넓적다리마디에도 검은 띠가 보인다. 주로 오전에 신나무, 국수나무, 쥐오줌풀 등 여러 꽃에 날아와 꽃가루를 먹는데, 이 때 짝짓기 상대를 고르려는 행동도 보인다.

◆ 몸 길이 / 8~13mm
◆ 출현기 / 5~7월
◆ 서식지 / 산 가장자리
◆ 국내 분포 / 전국
◆ 국외 분포 / 일본(대마도), 중국 동북부, 러시아(시베리아 동남부)
※ 몸이 약해 보이고 꽃가루칠을 한 모습이 분칠한 것 같아 이름에 '각시'라는 말이 들어갔다.

◐ 해당화 꽃에서 짝짓기하면서 꽃가루를 뜯어먹는다. 2003. 6. 6. 태안군 신두리(충남)

◆ 몸 길이 / 8~14mm
◆ 출현기 / 5~8월
◆ 서식지 / 산지, 평지의 숲 가장자리
◆ 국내 분포 / 한반도 내륙, 강화도
◆ 국외 분포 / 일본, 중국 동북부, 러시아(사할린, 시베리아)

수검은산꽃하늘소
Anastrangalia scotodes

암수의 몸 빛깔이 매우 다른데, 수컷은 광택이 없는 검은색, 암컷은 딱지날개가 붉은색을 띤다. 층층나무나 해당화 꽃에 날아와 꽃가루를 먹는 것을 관찰한 적이 있으나, 이 밖의 먹이에 대해서는 밝혀진 사실이 매우 적다. 꽃에서 꽃가루를 먹으며 짝짓기가 이루어지기도 한다.

225

❍ 꽃에서 흔히 볼 수 있다.
　2000. 7. 28. 오대산(강원)
❍ 짝짓기 2003. 7. 6. 광릉(경기)

붉은산꽃하늘소
Corymbia rubra

더듬이와 머리는 검은색인데, 나머지 몸 부
분은 붉은색을 띤다. 다리는 종아리마디가 붉
다. 해당화, 꼬리조팝나무, 어수리, 쉬땅나무
등 야생화에 날아오며, 꽃에서 흔히 볼 수 있
다. 애벌레는 소나무 등 여러 고사목 속에서
산다고 하는데, 현재 우리 나라에서는 소나무
에서만 확인되고 있다.

◆ 몸 길이 / 12~22mm
◆ 출현기 / 5~9월
◆ 서식지 / 산지, 평지의 숲
　가장자리
◆ 국내 분포 / 전국
◆ 국외 분포 / 일본, 중국, 러
　시아(연해주, 사할린, 시베
　리아), 유럽

◎ 엉겅퀴 꽃에서 꽃가루를 먹고 있다. 1994. 5. 29. 남해(경남)

◆ 몸 길이 / 12~17mm
◆ 출현기 / 5~8월
◆ 서식지 / 산지, 평지의 숲 가장자리
◆ 국내 분포 / 전국
◆ 국외 분포 / 일본, 중국, 러시아(사할린, 시베리아), 몽골, 유럽

꽃하늘소

Leptura aethiops

몸은 짧은 털로 빽빽하며, 전체가 검은색이거나, 또는 몸은 검고 딱지날개가 적갈색을 띠는 등 색채 변이가 심한 종이다. 신나무, 괴불나무, 국수나무, 엉겅퀴 등 야생화에 잘 날아오는데, 머리 전체가 꽃가루로 뒤범벅이 된 채로 한 꽃에서 오래 머무르는 일이 많다. 애벌레의 먹이 식물은 오리나무와 은수원사시나무이다.

227

○ 짝짓기 2001. 5. 23. 칠보산(경기)

긴알락꽃하늘소

Leptura arcuata

몸은 검은색인데, 머리와 가슴에 노란 털이 빽빽이 나 있다. 딱지날개는 4줄의 노란 줄무늬가 가로로 보이는데, 맨 앞의 것은 컵을 엎어 놓은 모양이다. 흔한 종으로, 신나무, 산딸기, 개망초, 백당나무 등 주로 봄과 여름 사이에 피는 꽃 위에서 잘 발견된다. 확인된 애벌레의 먹이 식물은 물오리나무인데, 이 밖의 여러 나무에도 알을 낳는다고 한다.

◆ 몸 길이 / 12~18mm
◆ 출현기 / 5~8월
◆ 서식지 / 활엽수림 가장자리
◆ 국내 분포 / 전국
◆ 국외 분포 / 일본, 중국, 몽골, 러시아(사할린, 시베리아), 유럽

○ 수컷의 뒷다리가 알통 모양이다. 2002. 5. 5. 주금산(경기)

- ◆ 몸 길이 / 11~17mm
- ◆ 출현기 / 4~8월
- ◆ 서식지 / 활엽수림
- ◆ 국내 분포 / 중부 이북
- ◆ 국외 분포 / 일본, 중국, 러시아(사할린, 시베리아), 유럽 북부
- ※ 암컷의 종아리마디는 수컷과 달리 덜 두드러진다.

알통다리꽃하늘소
Oedecnema dubia

몸은 검은색이며, 딱지날개는 주황색을 띤다. 딱지날개 위에는 10개 정도의 검은색 점무늬가 나타난다. '알통다리'라는 이름이 잘 어울리게 수컷의 뒷다리 종아리마디는 매우 굵으며, 넓적다리마디는 안쪽으로 구부러신다. 온갖 활엽수의 나뭇잎 위에 앉아 쉬는 것을 흔히 볼 수 있고, 노린재나무, 신나무, 고추나무 등 여러 꽃에 날아와 꽃가루를 먹는 모습을 볼 수 있다.

229

❍ 꽃에 올 때에는 더듬이를 편하게 편다.
2003. 6. 13. 청계산(경기). 강의영 제공
❍ 땅바닥에 앉으면 더듬이를 나란히 쭉 편다.
2003. 8. 4. 주금산(경기)

굵은수염하늘소

Pyrestes haematicus

더듬이가 굵고 톱날처럼 생겨 '굵은수염'이라고 한다. 머리와 가슴은 검은색이지만 이따금 앞가슴등판이 붉은 개체도 있으며, 딱지날개가 붉고 광택이 난다. 나뭇잎이나 풀 위에 앉아서 쉬는 경우가 있는데, 더듬이를 위로 쭉 펴고 차렷 자세를 하는 것처럼 보이는 때가 많다. 밤나무나 꼬리조팝나무, 쉬땅나무, 광대싸리 등의 꽃에 잘 모인다.

◆ 몸 길이 / 15~18mm
◆ 출현기 / 6~8월
◆ 서식지 / 산지의 숲
◆ 국내 분포 / 중부, 남부, 제주도
◆ 국외 분포 / 일본, 중국

◐ 벚나무가 많은 곳에서 보인다. 2003. 7. 11. 경희대(서울)

◆ 몸 길이 / 23~30mm
◆ 출현기 / 6~8월
◆ 서식지 / 자두나 복숭아나무 재배지나 왕벚나무가 심어진 곳
◆ 국내 분포 / 북부, 중부, 남부(부속 섬 제외)
◆ 국외 분포 / 중국

벚나무사향하늘소
Aromia bungii

대형종으로, 몸은 남빛이 감도는 검은색이며, 광택이 매우 강하다. 앞가슴등판은 붉은색을 띠는데, 양 측면으로 뾰족한 돌기가 나 있다. 벚나무류 주위에 가면 줄기에 붙어 있는 것을 볼 수 있다. 만지면 몸에서 은은한 사향냄새가 난다. 먹이 식물로 왕벚나무와 살구나무, 자두나무, 복숭아나무가 알려져 있다.

◯ 등면의 색이 매우 아름답다. 2001. 8. 17. 광덕산(충남). 강의영 제공

홍가슴풀색하늘소
Chloridolum sieversi

대형종으로, 몸은 주로 청람색을 띠나 앞가슴은 붉은색이다. 앞가슴등판의 양 측면에 뾰족한 돌기가 나 있다. 더듬이는 암컷이 몸 길이보다 약간 길어 보이나 수컷은 거의 2배에 가깝다. 야외에서 큰까치수영이나 산초나무 꽃에 날아오는 것을 관찰할 수 있으며, 잡아보면 몸에서 사향 냄새가 난다. 애벌레와 번데기는 호두나무의 줄기 속에서 발견된다.

◆ 몸 길이 / 24~32mm
◆ 출현기 / 6~8월
◆ 서식지 / 산지 또는 호두나무 재배지
◆ 국내 분포 / 중부 이북
◆ 국외 분포 / 중국(북부, 중부), 러시아(시베리아 동남부)

○ 밤에 참나무 진에 잘 온다. 2003. 7. 2. 장호원(경기). 강의영 제공

◆ 몸 길이 / 15~30mm
◆ 출현기 / 7~9월
◆ 서식지 / 평지의 참나무림
◆ 국내 분포 / 한반도 동북부를 제외한 전국
◆ 국외 분포 / 일본, 중국(동북부, 중부)
※ 가끔 불빛에 날아든다.

참풀색하늘소
Chloridolum japonicum

앞가슴등판과 딱지날개가 금록색을 띠는 매우 아름다운 종류이다. 앞가슴등판의 양 측면으로 뾰족하게 돌기가 각각 1개씩 있다. 다리는 적갈색을 띤다. 몸에서 사향 냄새가 나고 어두워질 무렵부터 활동하는데, 참나무 줄기를 오르락내리락하면서 상수리나무 진에 잘 모인다. 애벌레는 오래 된 참나무류의 줄기 속을 파먹는다.

○ 바위 위에 잘 앉는다. 1996. 5. 18. 거류산(경남)

깔다구풀색하늘소

Chloridolum viride

몸은 '참풀색하늘소'보다 약간 작고 더 가늘어 보이는데, 녹색 광택이 훨씬 강하다. 날씨가 맑은 날 정상 주변 바위에 떼지어 앉아 있는 경우가 있으며, 같은 장소에서 짝짓기도 이루어진다. 채집 기록이 적었던 하늘소였는데, 최근 경상 남도 거제도와 거류산에서 많은 수가 관찰되고 있다.

◆ 몸 길이 / 15~23mm
◆ 출현기 / 5~7월
◆ 서식지 / 산지
◆ 국내 분포 / 경남, 경기, 한반도 동북부
◆ 국외 분포 / 일본, 중국, 러시아(사할린)
※ 꽃에도 날아온다고 하는데, 아직 확인하지 못했다.

234

○ 꽃 위에서 짝짓기를 하곤 한다. 1990. 8. 15. 쌍용(강원)

◆ 몸 길이 / 15~20mm
◆ 출현기 / 7월 말~9월
◆ 서식지 / 풀밭
◆ 국내 분포 / 전국
◆ 국외 분포 / 중국, 러시아 (연해주), 몽골
※ 제주도에서도 기록은 있으나 실제 서식하는지 여부는 분명하지 않다.

노란띠하늘소
Polyzonus fasciatus

몸은 원통형으로 가늘고 긴 느낌이 든다. 딱지날개에 굵은 노란색 띠가 가로로 2개 있으며, 나머지 부분은 푸른색이 감도는 검은색이다. 매우 예쁜 하늘소로, 몸에서 사향 냄새가 난다. 가을로 접어들 때 참취, 골등골나물, 여뀌, 개망초와 같은 야생화에 날아와 꽃꿀을 빠는데, 수가 꽤 많다. 주로 강원도의 건조한 풀밭에서 많이 볼 수 있으나, 그 밖의 지역에서는 드문 편이다.

❍ 말벌과 꼭 닮아 보인다. 2001. 7. 2. 홍천(강원). 강의영 제공

호랑하늘소
Xylotrechus chinensis

몸은 검은색으로 더듬이의 제3~4마디, 앞가
슴등판의 중앙, 딱지날개의 5개의 가로띠 등이
적갈색을 띤다. 무늬가 호랑이 가죽을 닮아 매
우 특이하며, 전체 생김새는 '말벌'을 닮아 자
신을 보호하기 위한 흉내내기로 생각된다. 어른
벌레는 살아 있는 뽕나무 고목에서 볼 수 있다.

◆ 몸 길이 / 15~23mm
◆ 출현기 / 6~9월
◆ 서식지 / 뽕나무 주변
◆ 국내 분포 / 전국
◆ 국외 분포 / 일본, 중국, 타
  이완
※ 애벌레는 살아 있는 뽕나
  무의 목질부를 파먹는 것
  으로 알려져 있다.

● 산정 바위 위에서 발견하였다. 1996. 5. 18. 거류산(경남)

◆ 몸 길이 / 9~13mm
◆ 출현기 / 6~9월
◆ 서식지 / 산지
◆ 국내 분포 / 북부, 남부 일부
◆ 국외 분포 / 일본, 중국 동북부, 러시아(사할린)

홍가슴호랑하늘소
Xylotrechus rufilius

앞가슴등판이 붉은색을 띠는 '포도호랑하늘소'와 매우 비슷하나, 딱지날개의 노란 줄무늬가 다르다. 주로 장작더미나 벌채목 주위에서 흔히 볼 수 있는데, 가끔 산꼭대기로 날아오르기도 한다. 채집 기록이 매우 적은 종으로, 근래에는 많은 수가 눈에 띈다.

● 갯방풍 꽃에 날아와 앉았다. 2003. 6. 6. 태안군 신두리(충남)

별가슴호랑하늘소
Xylotrechus grayii

몸은 어두운 밤색과 적갈색을 띠는데, 앞가슴등판에 연미색 무늬가 10개 정도 나타난다. 딱지날개는 적갈색 바탕에 연미색 줄무늬가 양쪽으로 보인다. 가운뎃다리와 뒷다리의 넓적다리마디는 붉은색과 검은색이 반반씩 차지한다. 바닷가 갯방풍 꽃에 날아와 꽃가루를 먹는 것을 관찰한 적이 있다. 애벌레는 느릅나무에서 자란다.

◆ 몸 길이 / 9~17mm

◆ 출현기 / 6~8월

◆ 서식지 / 산지

◆ 국내 분포 / 중부 일부

◆ 국외 분포 / 일본, 중국, 타이완

※ 벌채목에서 흔히 볼 수 있으며, 흰 더듬이를 흔드는 모습이 이채롭다.

❶ 벌목장에 잘 날아온다. 2003. 6. 29. 홍천군 삼마치리(강원)

◆ 몸 길이 / 6~11mm
◆ 출현기 / 5~7월
◆ 서식지 / 산지
◆ 국내 분포 / 중부, 남부
◆ 국외 분포 / 중국
※ 최근 국내에 소개된 하늘소 종류로, 전에 기록이 없던 것으로 보아 외국에서 유입된 종으로 의심받고 있다.

작은호랑하늘소
Perissus faimairei

몸 전체가 검으나 약간 보랏빛을 띠고 있다. 딱지날개에 2개의 회색 줄무늬가 있는데, 위의 무늬는 C자 모양이고 각이 진다. 아래 무늬는 봉합선에서 아주 넓어지는 특징이 있다. 먹이 식물은 느티나무, 호두나무, 신갈나무이다. 참나무 고사목이나 벌채 장소에 잘 날아오며, 참나무 고사목 위에서 개미처럼 빠르게 기어다니는 것을 관찰할 수 있다.

❍ 꽤 수가 많은 종이 개망초 꽃을 자주 찾아온다. 1996. 6. 10. 영월(강원)

벌호랑하늘소
Cyrtoclytus capra

몸은 원통형이며 노란색 털로 덮여 있다. 등 쪽은 검은색 바탕에 노란색 띠무늬가 얼굴, 머리와 앞가슴등판 사이, 딱지날개에 나 있다. 특히 딱지날개 등판에는 八자 모양의 무늬가 2개 있다. 흔한 종으로, 국수나무와 밤나무, 개망초 등의 흰 꽃에 잘 날아오는데, 한참 꽃가루를 먹는 중에는 잘 날아가지 않는다. 호두나무, 버드나무, 신갈나무 등 고사목 줄기에서 애벌레가 발견된다.

◆ 몸 길이 / 8~19mm
◆ 출현기 / 5~8월
◆ 서식지 / 활엽수림
◆ 국내 분포 / 전국(울릉도 제외)
◆ 국외 분포 / 중국 동북부, 러시아(연해주, 사할린, 시베리아), 몽골, 유럽
※ '벌'을 닮은 모습이다.

○ 짝짓기 2003. 6. 13. 청계산(경기)

◆ 몸 길이 / 10~13mm
◆ 출현기 / 6~7월
◆ 서식지 / 산지
◆ 국내 분포 / 중부 이북
◆ 국외 분포 / 일본, 중국(북부, 동북부), 러시아(시베리아 동남부), 몽골

육점박이범하늘소
Chlorophorus simillimus

몸은 전체로 황회색을 띠는데, 검은색 줄무늬가 앞가슴등판에 1쌍, 딱지날개에 6개가 나 있다. 이 무늬의 변화가 심하여 여러 변이가 나타난다. 흔한 종으로, 주로 산에 피는 국수나무, 층층나무, 밤나무, 꼬리조팝나무의 꽃에 잘 날아오며, 나뭇잎 위에 앉아 있는 경우가 많다. 애벌레는 여러 식물을 먹는 것으로 알려져 있다.

◯ 울릉도와 같이 해안 지대에 많은 해양성 종이다. 1998. 7. 24. 울릉도 나리동(경북)

홀쭉범하늘소
Chlorophorus muscosus

'육점박이하늘소'와 비슷하게 생겼으나 더 작고 가늘다. 전체 색상이 어두운 편으로, 온몸이 녹회색 털로 덮여 있다. 또 딱지날개의 검은 선 무늬의 생김새가 다르다. 주로 해안 지대나 섬의 풀밭에서 볼 수 있으며, 여러 흰 꽃에 잘 날아온다. 애벌레는 예덕나무와 느티나무에 사는 것으로 알려져 있다.

◆ 몸 길이 / 9~15mm
◆ 출현기 / 6~8월
◆ 서식지 / 해안 지대의 활엽수림 가장자리
◆ 국내 분포 / 중남부 해안, 여러 섬들
◆ 국외 분포 / 일본

242

○ 이따금 나뭇잎 위에 앉아 있다. 2003. 5. 25. 앵무봉(경기)

◆ 몸 길이 / 12~18mm
◆ 출현기 / 5~7월
◆ 서식지 / 산지
◆ 국내 분포 / 전국
◆ 국외 분포 / 일본, 중국 북부, 러시아(시베리아 동부)

측범하늘소
Hayashiclytus acutivittis

몸은 가늘고 길며 매우 날렵해 보인다. 딱지날개는 검은색 바탕에 노란색 줄무늬가 경사지게 나 있는 모습이 독특하다. 어른벌레는 6월경부터 활동하는데, 풀잎에 앉아 쉬고 있을 때가 많다. 지름 50cm 정도 되는 고목에 200여 마리가 모여 짝짓기도 하고 암컷이 산란하는 장면을 목격한 적이 있다. 고추나무나 어수리 꽃에 모여들기도 한다.

○ 딱지날개 가운데가 검다. 2003. 5. 5. 춘천시 남면 가정리(강원)

무늬소주홍하늘소
Amarysius altajensis

딱지날개를 제외한 몸 전체가 검다. 딱지날개는 봉합선을 중심으로 세로로 긴 타원형의 검은색 무늬가 발달하여 닮은 종들과 구별된다. 매우 흔한 종으로, 먹이 식물로는 물푸레나무, 단풍나무, 포도가 알려져 있다. 단풍나무와 같은 활엽수 잎 위에 앉아 있거나 단풍나무와 신나무의 꽃꿀을 빠는데, 특히 신나무 개화 시기에 많은 수를 관찰할 수 있다.

◆ 몸 길이 / 14~19mm
◆ 출현기 / 5~6월
◆ 서식지 / 산지
◆ 국내 분포 / 전국
◆ 국외 분포 / 중국, 몽골, 러시아(시베리아)

● 떡갈나무 잎 위에 잘 앉아 있다. 2001. 5. 27. 안동(경북)

◆ 몸 길이 / 14~18mm
◆ 출현기 / 5~6월
◆ 서식지 / 확 트인 낮은 산지
◆ 국내 분포 / 중부, 남부
◆ 국외 분포 / 중국(북부, 중부)
※ 다른 주홍하늘소 종류보다
 딱지날개가 어두우며, 딱지
 날개 기부 부근과 양쪽으로
 붉은색이 나타난다.

먹주홍하늘소
Asias halodendri

등 쪽이 편평한 편이나 전체 모습은 원통형이다. 참나무류가 많은 활엽수림에 살며, 낮은 위치의 떡갈나무 위에 날아와 앉아 있는 일이 많다. 이 곳에서 잎을 먹기도 하고 짝짓기도 이루어진다. 큰까치수영과 같은 흰 꽃에 날아와 꽃꿀을 빠는 것을 관찰한 적이 있다. 여러 벌채목에 알을 낳으러 다니는 암컷을 쉽게 알 수 있다.

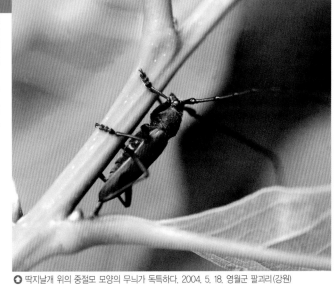

❂ 딱지날개 위의 중절모 모양의 무늬가 독특하다. 2004. 5. 18. 영월군 팔괴리(강원)

모자주홍하늘소
Purpuricenus lituratus

몸 전체가 납작한 감이 있다. 몸은 검은색이나 앞가슴등판과 딱지날개는 붉은색을 띤다. 앞가슴등판에 5개의 검은 점무늬가 있으며, 딱지날개에 중절모 모양의 검은 무늬가 뚜렷하여 이채로운데, 무늬의 변화가 심하다. 애호가들에게 인기가 높은 종으로, 참나무류 벌채지에서 많은 수가 나타나는 일도 있다. 어른벌레는 신나무나 사과나무 등의 꽃에 날아오거나 떡갈나무의 잎 위에 앉는 경우가 있다.

◆ 몸 길이 / 17~23mm
◆ 출현기 / 5~6월
◆ 서식지 / 산지
◆ 국내 분포 / 전국
◆ 국외 분포 / 일본, 중국, 러시아(시베리아 동남부)
※ 참나무를 벌채하여 새싹이 돋는 곳에서 발견된다.

○ 더듬이에 털이 많은 모습이 인상 깊다. 1996. 9. 3. 소요산(경기)

◆ 몸 길이 / 11~17mm
◆ 출현기 / 5~7월
◆ 서식지 / 산지의 풀밭
◆ 국내 분포 / 전국
◆ 국외 분포 / 중국(동북부, 북부, 중부), 몽골, 러시아 (시베리아)
※ 개망초 줄기 속에서 애벌레로 겨울을 난다.

남색초원하늘소
Agapanthia pilicornis

몸은 가늘고 긴 원통형이다. 바탕색이 청람색인데, 강하게 광택이 난다. 등 쪽에는 검은색 긴 털이 많이 나 있다. 수컷 더듬이는 몸 길이의 1.5배에 이르며, 제4마디까지 검은색 털 뭉치가 나 있어 매우 특이하다. 풀밭에 사는 하늘소로 개망초나 엉겅퀴와 같은 국화과 식물의 줄기에 붙어 있는 일이 많아 발견하기 쉽다. 다가서면 줄기 뒤로 돌아가 숨는다.

❂ 나무에서 잘 떨어지지 않는다. 2003. 6. 20. 거제도(경남). 강의영 제공

곰보하늘소

Ptereolophia caudata

등 쪽은 몸에 곰보가 된 것처럼 갈색 바탕에 흑갈색 짧은 털이 빽빽하게 나 있는데, 딱지날개의 뒷부분에서는 가로띠처럼 보인다. 수컷 더듬이는 몸 길이의 1.5배에 달한다. 온갖 활엽수의 고사목 또는 벌채목에 날아오고 남부 지방에서는 흔한 것 같다. 밤에 불을 켜면 날아오는 수도 있다.

◆ 몸 길이 / 17~23mm
◆ 출현기 / 5~8월
◆ 서식지 / 활엽수림
◆ 국내 분포 / 거제도, 울릉도
◆ 국외 분포 / 일본

◐ 더듬이가 유난히 길어 보인다.
2004. 6. 6. 홍천군 삼마치리(강원)

◐ 2004. 6. 6. 홍천군 삼마치리(강원)

◆ 몸 길이 / 24~35mm
◆ 출현기 / 6~8월
◆ 서식지 / 활엽수림
◆ 국내 분포 / 전국
◆ 국외 분포 / 중국 중부 이북, 러시아(시베리아)
※ 예전에는 이 종의 더듬이를 손으로 잡고 다리로 돌을 들어올리게 하는 놀이를 했다.

우리목하늘소
Lamiomimus gottschei

대형종에 속하며, 강인해 보이는 종이다. 몸 전체가 엷은 흑갈색을 띠는데, 황백색의 짧은 털이 몸을 덮고 있다. 딱지날개에는 넓은 가로띠무늬가 2개 나타나는데, 약간 짙게 보이지만 배색 관계로 뚜렷하지 않다. 참나무류의 벌채목이나 고사목 주위에서 만날 수 있으며, 참나무류와 버드나무류가 먹이 식물인 것으로 보인다.

249

❀ 딱지날개의 흰색 점들이 알록달록해 보인다. 2001. 7. 8. 비자림(제주)

알락하늘소
Anoplophora malasiaca

몸은 검은색이며 등 쪽은 강한 광택이 난다. 특히 딱지날개에는 흰색 점무늬가 어지럽게 발달한다. 더듬이는 각 마디의 위 절반은 회청색을 띠고 나머지는 검어서 얼핏 보면 알록달록하게 보인다. 애벌레는 살아 있는 플라타너스나 버드나무, 단풍나무류에 기생하여 가로수용으로 심는 이 나무들의 해충으로 알려져 있다. 도시의 아파트 주변에서 아이들이 재미삼아 잡아 가지고 노는 것을 볼 수 있다.

◆ 몸 길이 / 25~35mm
◆ 출현기 / 6~8월
◆ 서식지 / 활엽수림, 도시의 가로수나 정원
◆ 국내 분포 / 전국
◆ 국외 분포 / 일본, 중국, 타이완
※ 닮은 종이지만 더듬이와 딱지날개의 무늬가 조금 다른 '유리알락하늘소'가 있다.

○ 산지의 길가에서 볼 수 있다. 2003. 7. 24. 방태산(강원)

◆ 몸 길이 / 10~15mm
◆ 출현기 / 6~7월
◆ 서식지 / 산지
◆ 국내 분포 / 중부, 남부
◆ 국외 분포 / 일본, 중국, 러시아(시베리아 동부), 몽골

삼하늘소
Thyestilla gebleri

몸의 등 쪽에 흑갈색의 짧은 털이 나 있는데, 딱지날개 봉합부와 양쪽에 회백색의 띠가 뚜렷해 마치 해바라기씨 같다. 하천이나 밭가의 쑥 따위 국화과 식물 주위에서 흔히 볼 수 있다. 짝짓기 중이거나 잎을 갉아먹고 있는 것 등을 쉽게 관찰할 수 있다. 날아도 주위를 맴돌 뿐 그다지 멀리 날아가지 않는다.

251

● 더듬이가 알록달록해 보인다. 2004. 5. 30. 삼척군 추동리 (강원)

깨다시수염하늘소
Monochamus sutor

몸은 검은색 바탕에 흰 점무늬가 약하게 나타나는데, 수컷은 회백색, 암컷은 노란색의 짧은 털로 빽빽이 덮여 있다. 더듬이는 몸 길이의 2배가 약간 넘는다. 흔한 종으로, 침엽수류의 벌채목이나 죽은 가지에 날아와 알을 낳는다고 한다. 낮에 보일 때도 있지만 주로 해질녘에 많다. 먹이 식물은 소나무나 잣나무와 같은 침엽수류이다.

◆ 몸 길이 / 17~23mm
◆ 출현기 / 6~8월
◆ 서식지 / 산지
◆ 국내 분포 / 강원도
◆ 국외 분포 / 일본, 중국(북동부, 북부, 서부), 러시아(사할린, 시베리아), 몽골, 유럽 북부

○ 나무 줄기와 비슷해 찾기 어렵다. 2002. 5. 14. 홍천(강원). 강의영 제공

◆ 몸 길이 / 10~17mm
◆ 출현기 / 4~8월
◆ 서식지 / 산지의 숲이나 벌채지
◆ 국내 분포 / 전국
◆ 국외 분포 / 일본, 중국 동북부, 러시아(시베리아), 유럽

깨다시하늘소
Mesosa myops

몸은 짧고 뚱뚱해 보이는데, 검은색 바탕에 노란색 털 다발이 불규칙하게 퍼져, 마치 여러 개의 점처럼 보인다. 더듬이는 푸른빛과 검은색이 번갈아 나타난다. 앞가슴등판에 굵은 검은색 세로줄이 끊어지듯 보여도 분명하므로 닮은 종들과 구별하기 쉽다. 참나무류의 장작더미나 벌채목을 관찰하면 쉽게 볼 수 있다. 애벌레는 죽은 칡이나 신갈나무의 줄기 속에서 발견된다.

❶ 딱지날개의 흰 무늬가 두드러진다. 2003. 5. 31. 주금산(경기)

흰깨다시하늘소
Mesosa hirsuta

몸의 등 쪽은 흑갈색 짧은 털로 덮여 있어 전체가 어둡게 보이는데, 딱지날개 윗부분과 중간에 흰 무늬가 가로로 넓게 나타난다. 보통 호두나무, 소사나무, 밤나무, 물오리나무, 풍게나무, 굴피나무의 고사목에 산란하기 위하여 모일 때 종종 발견된다. 이 밖에도 장작더미나 벌채목에서 짝짓기나 알을 낳는 장면을 많이 볼 수 있으며, 밤에 불빛에 날아든다.

◆ 몸 길이 / 10∼17mm
◆ 출현기 / 6∼8월
◆ 서식지 / 산지의 숲 속
◆ 국내 분포 / 제주도를 제외한 전국
◆ 국외 분포 / 일본, 러시아 (시베리아 동남부)
※ 보통 '깨다시하늘소'보다 늦게 나타난다.

○ 울릉도에서 발견된다. 1998. 7. 24. 울릉도 나리동 (경북)

◆ 몸 길이 / 14~30mm
◆ 출현기 / 6~9월
◆ 서식지 / 활엽수림
◆ 국내 분포 / 울릉도
◆ 국외 분포 / 일본, 중국, 타이완, 필리핀, 베트남
※ '울도'는 울릉도를 의미한다. 환경부 지정 멸종 위기 야생 동물 Ⅱ급

울도하늘소
Psacothea hilaris

몸은 검은색으로 회백색의 짧은 털로 덮여 있다. 머리와 앞가슴등판, 딱지날개에는 황백색 또는 노란색의 털이 마치 점무늬처럼 나타난다. 더듬이의 제3마디부터는 각 마디의 기부에 흰색 테두리가 뚜렷하다. 어른벌레는 뽕나무 잎 아래에 붙어 잎을 먹으며, 뽕나무를 건드리면 밑으로 떨어지는 습성이 있다. 밤에 등불에 잘 날아든다. 누에치기를 많이 하던 시절에는 흔했으나, 최근 잠업이 쇠퇴하면서 그 수가 급격히 줄었다.

● 배설하는 중이다.
1995. 8. 20. 주금산(경기)

● 알
1998. 2. 23. 인공 사육

뽕나무하늘소
Apriona germari

대형종으로, 전체 색상이나 크기는 '하늘소'와 비슷하나 조금 작고, 앞가슴등판 양 가두리에 가시돌기가 난 점, 딱지날개의 어깨 주변에 검은 점처럼 보이는 작은 돌기가 빽빽한 점에서 차이가 난다. 살아 있는 뽕나무나 무화과나무에 날아와 껍질을 뜯어먹는다. 간혹 밤에 불빛에 날아들기도 한다. 최근 뽕나무 재배지가 줄면서 점차 감소하는 추세이다.

◆ 몸 길이 / 35∼45mm
◆ 출현기 / 6∼8월
◆ 서식지 / 뽕나무가 많은 산지나 인가 주변
◆ 국내 분포 / 동북부 지역을 제외한 전국
◆ 국외 분포 / 일본, 중국, 타이완, 베트남 등 동남 아시아, 인도

❍ 남부 해안 지방에 사는 대형 하늘소이다. 2003. 6. 20. 거제도(경남)

◆ 몸 길이 / 45~52mm
◆ 출현기 / 6~8월
◆ 서식지 / 졸참나무가 무성한 해안 지대의 산지
◆ 국내 분포 / 여수, 완도, 거제도, 제주도
◆ 국외 분포 / 일본, 중국, 타이완

참나무하늘소
Batocera lineolata

대형 하늘소로, 앞가슴등판에 1쌍, 딱지날개에 5쌍의 흰 무늬가 두드러진다. 주로 해안을 낀 남쪽 지방의 상록 활엽수림에 사는데, 암컷은 참나무류의 줄기를 돌아가며 으깨는 것처럼 상처를 내며 알을 낳는다. 애벌레는 가시나무나 졸참나무 속에서 사는 것으로 알려져 있다.

257

◆ 풀잎에 가만히 앉아 있는 일이 흔하다.
2002. 5. 15. 주금산(경기)

◆ 짝짓기 2003. 6. 5. 수원(경기)

털두꺼비하늘소
Moechotypa diphysis

몸의 등 쪽은 흑갈색을 띠며, 얼핏 보면 거무튀튀한 모습인데, 몸 아래쪽으로 붉은색 무늬가 있다. 앞가슴등판의 옆가두리에 가시돌기가 나 있으며, 딱지날개에 검은 털뭉치가 발달하는데, 앞쪽으로 1쌍이 유별나게 크다. 여러 참나무류의 벌채목이나 버섯 재배장에 잘모이며, 어른벌레로 겨울을 난다. 따라서 봄에보이는 개체들은 모두 겨울을 난 것이다. 애벌레의 먹이 식물은 상수리나무, 밤나무, 배나무, 감나무이다.

◆ 몸 길이 / 19~25mm
◆ 출현기 / 4~10월
◆ 서식지 / 활엽수림
◆ 국내 분포 / 전국
◆ 국외 분포 / 일본, 중국, 러시아(시베리아)
※ 표고버섯 재배의 증가로 표고 재배목으로 쓰인 벌채목 때문에 대발생한 적이 있는 흔한 종이다.

◑ 짝짓기 2003. 6. 5. 수원(경기)

◆ 몸 길이 / 12~13mm
◆ 출현기 / 5~9월
◆ 서식지 / 산지나 평지의 숲
◆ 국내 분포 / 전국
◆ 국외 분포 / 일본, 중국, 러
시아(시베리아 동부)
※ 여러 종의 염소하늘소류가
기록되어 있는데, 몸 빛깔
과 반점, 더듬이의 굵기 등
으로 구분해 볼 수 있다.

점박이염소하늘소
Olenecamptus clarus

몸은 가늘고 길며, 등 쪽은 흰 털로 된 바탕
에 검은 점이 조그맣게 박혀 있다. 더듬이는
황갈색 또는 적갈색으로 가늘고 길어 보이는
데, 몸 길이의 2~3배 정도까지 이른다. 어른
벌레는 불빛에 날아들지만 낮에 산뽕나무 잎
을 구멍내듯 먹은 흔적을 찾으면 잎 아래에 붙
어 있는 것을 관찰할 수 있다. 애벌레도 죽은
뽕나무나 호두나무의 줄기 속에서 사는 것으
로 알려져 있다.

259

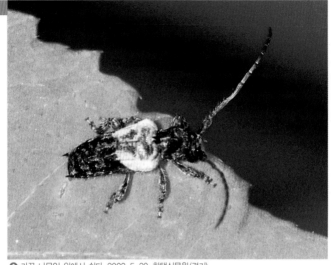

○ 가끔 나뭇잎 위에서 쉰다. 2002. 5. 20. 한택식물원(경기)

새똥하늘소

Pogonocherus seminiveus

몸은 검고 딱지날개의 기부에서 중앙까지 흰 무늬가 있다. 이른 봄부터 나타나는데, 맑고 따뜻한 날, 순이 잘린 두릅나무에 날아와 앉아 있는 경우가 많다. 워낙 작아서 주의를 기울이지 않으면 발견하기 어렵다. 애벌레는 두릅나무의 죽은 가지 속에서 산다. 요즘 인가 주변에 나물로 이용하기 위해 심어 놓은 두릅나무에서 많이 발생하고, 애벌레로 인해 죽은 나무들이 흔히 보인다. 어른벌레가 두릅나무 줄기를 먹는 것도 볼 수 있다.

◆ 몸 길이 / 6~8mm
◆ 출현기 / 3~5월
◆ 서식지 / 산지의 숲이나 인가 주변
◆ 국내 분포 / 부속 섬을 제외한 한반도
◆ 국외 분포 / 일본, 중국 북부, 러시아(시베리아)
※ 생김새가 새똥을 닮아 '새똥하늘소'라고 한다.

○ 소나무 벌채목에서 나왔다. 2002. 6. 12. 오대산(강원). 강의영 제공

◆ 몸 길이 / 8~12mm
◆ 출현기 / 6~8월
◆ 서식지 / 산지
◆ 국내 분포 / 중부 이북
◆ 국외 분포 / 일본, 중국 동북부, 러시아(연해주, 사할린, 시베리아)
※ 주로 산에 서식한다.

북방곤봉수염하늘소
Acanthocinus carinulatus

몸은 흑갈색과 회색이 섞여 있는데, 딱지날개 중간은 조금 밝은 회색을 띤다. 더듬이는 흑갈색과 회색이 번갈아 나타나며, 수컷은 몸 길이의 2.5배 정도로 길다. 주로 말라 죽거나 벌채한 침엽수에서 발생되고, 낮에도 발견되나 보통 해질 무렵에 활발하게 날아다닌다. 앉으면 보호색을 띠어 발견하기 어렵다.

❶ 가끔 초본 식물에서 발견된다. 2002. 8. 2. 설악산 용대리(강원)

애기우단하늘소
Acalolepta degenera

몸의 등 쪽은 적갈색을 띠는데, 딱지날개에 비스듬히 흰색의 짧은 털이 발달하여 옅게 띠처럼 보이는 특징이 있다. 특히 암컷의 더듬이는 몸 길이의 1.3배에 이른다. 풀밭에 나타나는 하늘소로, 야생 쑥과 같은 국화과 식물의 줄기에 붙어 있다. 애벌레는 쑥의 마른 잎 사이에서 지낸다고 하는데, 아직까지 확인되지 않고 있다.

◆ 몸 길이 / 9~14mm
◆ 출현기 / 6~7월
◆ 서식지 / 산지
◆ 국내 분포 / 중부
◆ 국외 분포 / 일본, 중국(북부, 중부), 러시아(시베리아 동남부)

262

◯ 국화과 식물 잎 위에서 가끔 발견된다. 1990. 6. 3. 쌍용(강원)

◆ 몸 길이 / 12~14mm
◆ 출현기 / 5~6월
◆ 서식지 / 산지
◆ 국내 분포 / 중부
◆ 국외 분포 / 중국(동북부, 북부), 러시아(시베리아)
※ 포플러나무류에 애벌레가 사는 것으로 알려져 있다.

별긴하늘소
Compsidia balsamifera

몸의 등 쪽은 흑갈색 바탕이며, 황갈색 짧은 털로 빽빽이 들어차 있다. 적갈색 줄무늬가 앞가슴등판 양 가장자리에 나타나고, 딱지날개에 희미한 적갈색 점무늬가 여러 개 보이는데, 개체에 따라 불분명한 경우도 있다. 산지에 살며, 가끔 풀밭에서도 볼 수 있다. 여러 벌채목에서 볼 수 있다.

❂ 야생 쑥에 잘 날아온다. 2000. 5. 16. 대부도(경기)

국화하늘소

Phytoecia rufiventris

몸은 검은색으로, 배 부분은 적갈색을 띠나 제1마디만 다소 거무스름하다. 다리의 대부분과 앞가슴등판의 가운데에는 붉은색 무늬가 있어 종의 구별이 비교적 쉽다. 딱지날개는 푸른 기가 있는 검은색으로, 자세히 보면 개체마다 변이가 많다. 어른벌레는 쑥잎 위에 앉아 있는 경우를 많이 볼 수 있다. 암컷은 쑥 줄기를 물어뜯어 그 속에 알을 낳는데, 그 부분이 시들게 된다. 야외에서 이 같은 흔적을 흔히 볼 수 있다.

◆ 몸 길이 / 6~9mm
◆ 출현기 / 5~6월
◆ 서식지 / 평지나 산지의 풀밭
◆ 국내 분포 / 전국
◆ 국외 분포 / 일본, 중국, 타이완, 몽골, 러시아(시베리아 동부)

○ 넓은 잎 위에서 주로 발견된다. 1998. 6. 14. 검단산(경기)

◆ 몸 길이 / 8~11mm
◆ 출현기 / 5~7월
◆ 서식지 / 산지
◆ 국내 분포 / 중부, 남부
◆ 국외 분포 / 일본, 중국 동부, 베트남, 타이완

노랑줄점하늘소
Epiglenea comes

몸은 전체가 검은색인데, 세로로 줄무늬가 나타나고 앞머리는 회황색의 짧은 털로 덮여 있다. 몸의 아랫면도 회황색을 띤다. 흔한 종으로, 나뭇잎 위에서 쉬는 장면을 볼 수 있으나, 가래나무와 붉나무 잎 아래에 붙어 있는 때가 많다. 어른벌레는 가래나무나 호두나무, 붉나무 고사목 주위에 날아드는데, 이 가운데 가래나무가 애벌레의 먹이 식물로 밝혀졌다.

❍ 놀라면 잘 날아간다.
1994. 5. 21. 소요산(경기)
❍ 풀잎 위에 날아와 앉아 있다.
1990. 6. 3. 쌍용(강원)

통사과하늘소

Oberea depressa

머리와 더듬이는 검고 앞가슴과 다리는 적갈색을 띤다. 앞가슴등판 뒤쪽의 옆가두리에 검은 점이 뚜렷하게 보인다. 딱지날개는 기부 부근만 적갈색을 띠는데, 그 너비가 매우 좁다. 간혹 좁은 산길을 날아다니는 것이 눈에 띈다. 북한에서는 댕댕이나무에 애벌레가 사는 것으로 알려져 있으나, 정확한 생태에 관한 자료가 부족하다.

◆ 몸 길이 / 12~19mm
◆ 출현기 / 5~7월
◆ 서식지 / 산 가장자리
◆ 국내 분포 / 중북부 일부
◆ 국외 분포 / 중국(중부, 동북부), 러시아(시베리아), 중앙 아시아

◯ 쑥잎에 붙어 있다. 2003. 6. 28. 청계산(경기). 강의영 제공

◆ 몸 길이 / 9~13mm
◆ 출현기 / 5~8월
◆ 서식지 / 잡목림 주변 풀밭
◆ 국내 분포 / 중부, 남부, 제주도
◆ 국외 분포 / 일본, 중국 동북부, 러시아(시베리아)

선두리하늘소
Nupserha marginella

몸은 황갈색이며, 머리와 더듬이 제1~2마디는 검은색이다. 딱지날개의 양 가두리로 검은 띠가 발달하는데, 명확하지 않다. 잡목림 숲 가장자리 풀밭의 쑥이나 사위질빵 주변에서 많이 보이나, 보통 잎 뒤에 붙어 있어 눈에 잘 띄지 않는다. 주로 잎맥을 갉아먹는 것이 관찰된다. 날 때 이동 거리가 짧은 것이 특이하다.

잎벌레과 [Chrysomelidae]

무당벌레와 닮은 종류, 뒷다리가 특히 굵은 종류, 자라 모양을 한 종류 등 생김새가 다양하다. 대부분의 어른벌레는 식물의 잎을 갉아먹고 살지만, 애벌레는 잎, 줄기, 뿌리 속에 굴을 파는 경우를 비롯하여 매우 다양한 습성을 가진다. 몇몇 종은 알에 자신의 똥을 붙여서 적으로부터 알을 보호하는데, 이들의 애벌레도 자신의 똥을 붙이는 경우가 있다. 우리 나라에 400여 종이 있다.

❶ 수중다리잎벌레
❷ 백합긴가슴잎벌레
❸ 고려긴가슴잎벌레
❹ 주홍배큰벼잎벌레
❺ 곰보날개긴가슴잎벌레
❻ 남경잎벌레
❼ 넓적뿌리잎벌레
❽ 넉점박이큰가슴잎벌레
❾ 밤나무잎벌레
❿ 반금색잎벌레
⓫ 배노랑긴가슴잎벌레
⓬ 팔점박이잎벌레
⓭ 민가슴잎벌레
⓮ 콜체잎벌레
⓯ 주홍곱추잎벌레
⓰ 사과나무잎벌레
⓱ 좀남색잎벌레
⓲ 호두나무잎벌레
⓳ 버들꼬마잎벌레
⓴ 고구마잎벌레

❶ 소요산잎벌레 ❷ 중국청람색잎벌레 ❸ 쑥잎벌레
❹ 박하잎벌레 ❺ 청줄보라잎벌레 ❻ 사시나무잎벌레
❼ 버들잎벌레 ❽~❾ 십이점박이잎벌레 ❿ 노랑가슴녹색잎벌레
⓫~⓬ 상아잎벌레 ⓭ 오리나무잎벌레 ⓮ 참금록색잎벌레
⓯ 남색잎벌레 ⓰ 노랑가슴청색잎벌레 ⓱ 오이잎벌레
⓲ 검정오이잎벌레 ⓳ 세점박이잎벌레 ⓴ 크로바잎벌레
㉑ 황갈색잎벌레 ㉒ 단색둥글잎벌레

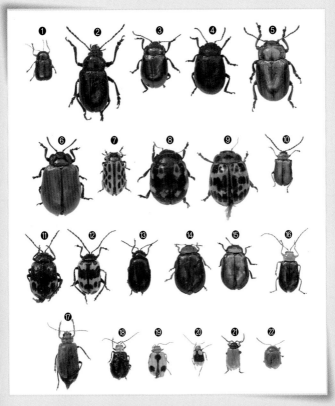

269

◯ 나리꽃에 잘 날아온다. 2004. 5. 16. 주금산(경기)

◆ 몸 길이 / 7~9mm
◆ 출현기 / 5~6월
◆ 서식지 / 낮은 산지
◆ 국내 분포 / 전국
◆ 국외 분포 / 일본, 중국, 타이완, 러시아(사할린, 시베리아), 유럽, 멕시코, 브라질
※ 애벌레는 똥을 뒤집어쓰고 살아간다.

백합긴가슴잎벌레
Lilioceris merdigera

몸은 전체가 적갈색을 띤다. 딱지날개는 홈들이 뚜렷하게 나 있으며, 작은방패판에 강한 털로 덮여 있다. 앞가슴등판의 가운데 앞쪽은 움푹 패었다. 다리는 적갈색을 띠지만 넓적다리마디와 종아리다리마디 등 일부는 검다. 어른벌레로 겨울을 나고, 봄부터 활동하면서 나리와 같은 백합과 식물의 잎을 먹는다.

○ 강아지풀 위에 앉아 있다. 2001. 9. 4. 수원(경기)

적갈색긴가슴잎벌레

Lema diversa

몸은 검은색을 띠는데, 머리의 일부분과 딱지날개에 적갈색이 나타난다. 특히 딱지날개는 끝만 적갈색이고 나머지가 청람색인 것, 가운데의 세로줄이 청람색이고 나머지가 적갈색인 것, 전체가 적갈색인 것 등 크게 세 가지 틀의 색채 변이가 나타난다. 닭의장풀을 먹이로 하여 잎 위에 알을 낳는다. 먹이와 상관 없는 주변의 풀 위에 앉아 쉬기도 한다.

◆ 몸 길이 / 5.5~6.2mm
◆ 출현기 / 4~8월
◆ 서식지 / 산지, 평지의 풀밭
◆ 국내 분포 / 전국
◆ 국외 분포 / 일본, 중국
※ 어른벌레 상태로 겨울을 나고, 4월 중순이면 나타난다.

○ 마의 잎을 먹는다. 1996. 9. 3. 소요산(경기)

◆ 몸 길이 / 6~8.2mm
◆ 출현기 / 5~10월
◆ 서식지 / 평지, 산 가장자리
◆ 국내 분포 / 중부, 남부
◆ 국외 분포 / 중국, 타이완
※ 1년에 2회 발생하며, 땅 속에서 하얀 고치를 만든다.

주홍배큰벼잎벌레
Lema fortunei

딱지날개와 더듬이는 파란색이고, 머리와 앞가슴은 붉은색이며, 다리의 종아리마디는 검은색이다. 앞가슴등판의 홈들은 크고 1쌍이며 세로로 줄지어 있다. 딱지날개는 홈줄이 세로줄로 나타난다. 어른벌레는 마의 새 잎에 붙어 뜯어먹는 일이 많다. 인기척이 나면 아래로 곧장 떨어지는 습성이 있다.

273

❶ 닭의장풀 잎 위에 잘 날아온다. 2004. 6. 6. 홍천군 삼마치리(강원)

배노랑긴가슴잎벌레

Lema concinnipennis

몸은 청람색이고 강한 광택이 나는데, 더듬
이와 다리는 검은색이다. 배 쪽은 검은색이나
배끝 3마디는 황갈색을 띠어 다른 종과 구별
된다. 풀밭의 닭의장풀에 날아와 잎을 갉아먹
으며, 알을 덩어리지게 낳아 놓으면 부화한 애
벌레들이 무리지어 살아간다. 어른벌레는 놀
라면 몸을 치켜드는 습성이 있는데, 곧 날아간
다는 신호이기도 하다.

◆ 몸 길이 / 5~6.5mm
◆ 출현기 / 4~9월
◆ 서식지 / 풀밭
◆ 국내 분포 / 전국
◆ 국외 분포 / 일본, 중국, 러
시아, 타이완, 필리핀

○ 딱지날개의 검은 점무늬가 없어지는 경우가 많다.
2001. 5. 20. 영월(강원)

○ 2004. 5. 30. 삼척군 추동리(강원)

◆ 몸 길이 / 7~8mm
◆ 출현기 / 4~9월
◆ 서식지 / 계곡, 활엽수림 가
　장자리
◆ 국내 분포 / 제주도를 제외
　한 전국
◆ 국외 분포 / 일본, 중국 동
　북부, 러시아(시베리아 동
　부)

팔점박이잎벌레

Cryptocephalus japanus

머리는 검고, 앞가슴등판과 딱지날개는 노
란색이나 황갈색을 띠는데, 검은 무늬가 띠 모
양으로 나타난다. 뚱뚱해 보이며, 딱지날개의
검은 점무늬가 거의 없어진 개체가 많다. 어른
벌레는 참나무류, 버드나무류, 사시나무류에
모이며, 애벌레는 자신의 배설물과 낙엽 부식
물로 통을 만들어 그 속에서 지낸다.

❍ 쑥잎에 붙어 있는데, 작아서 눈에 잘 안 띈다. 2004. 6. 6. 가리산(강원)

콜체잎벌레
Cryptocephalus koltzei

통통한 느낌의 잎벌레로, 몸은 검은색이며 머리와 딱지날개, 다리에 노란색 무늬가 나타난다. 특히 딱지날개에는 5개의 둥근 노란색 무늬가 두드러진다. 풀밭의 쑥잎 위에 앉아 있는 일이 많다. 따라서 이 종을 발견하기 위해서는 몸을 굽혀 풀 사이를 꼼꼼하게 살펴볼 필요가 있다.

◆ 몸 길이 / 4~5.2mm
◆ 출현기 / 5~7월
◆ 서식지 / 계곡, 경작지의 풀밭
◆ 국내 분포 / 북부, 중부, 남부
◆ 국외 분포 / 러시아(시베리아)
※ 특히 사철쑥에서 많이 볼 수 있다.

○ 물푸레나무 잎을 먹는다. 2004. 6. 7. 영월군 팔괴리(강원)

◆ 몸 길이 / 7∼9mm
◆ 출현기 / 5∼6월
◆ 서식지 / 낮은 산지
◆ 국내 분포 / 북부, 중부
◆ 국외 분포 / 중국
※ 잎벌레 중에서 꽤 큰 편에
   속한다.

남경잎벌레
Temnaspis nankinea

머리와 앞가슴등판, 더듬이는 푸른색을 머금은 검은색이다. 딱지날개는 연한 갈색이고, 위아래로 긴 사각 모양이다. 뒷다리가 굵은데, 넓적다리마디가 눈에 띄게 굵으며, 종아리마디는 크게 휘었다. 낮은 산지에서 물푸레나무의 연한 줄기를 반쯤 잘라 수액을 먹으며 애벌레는 줄기 안에서 산다고 한다.

○ 붉은 바탕에 검은 점무늬가 독특하게 배열되어 있다. 2001. 5. 5. 명지산(경기)

육점통잎벌레

Cryptocephalus sexpunctatus

앞가슴등판과 딱지날개 모두 적갈색 바탕에 검은 점무늬가 있으며, 딱지날개에만 6개의 검은 점무늬가 발달한다. 딱지날개의 작은 홈들은 희미한 상태이지만 불규칙하게나마 보인다. 어른벌레는 주로 추운 지역에서 살며, 사시나무를 먹이로 삼는다고 알려져 있다.

◆ 몸 길이 / 5~6mm
◆ 출현기 / 6~7월
◆ 서식지 / 활엽수림
◆ 국내 분포 / 중부, 제주도
◆ 국외 분포 / 일본, 중국 북부, 러시아(시베리아 동부)

○ 이른 봄 버드나무 새순에 날아와 앉아 있다. 2004. 4. 29. 양수리(경기)

◆ 몸 길이 / 3.3~4.4mm
◆ 출현기 / 5~11월
◆ 서식지 / 버드나무가 자라
 는 장소
◆ 국내 분포 / 중부, 남부
◆ 국외 분포 / 일본, 중국, 러
 시아(시베리아), 타이완,
 인도, 유럽, 아프리카 북부

버들꼬마잎벌레
Plagiodera versicolora

몸은 짙은 청람색이고 강한 광택이 난다. 딱지날개 위의 홈들은 불규칙하게 퍼져 있다. 이른 봄에 겨울을 난 어른벌레가 버드나무 잎에 알을 낳으면 이들이 무리를 지어 자라 5~11월까지 어른벌레가 계속 관찰된다. 크기가 작아서 쉽게 발견할 수 없으나, 워낙 수가 많기 때문에 버드나무를 흔들면 아래로 떨어지는 개체를 흔히 볼 수 있다.

○ 두릅나무 새순에 몰려든다. 2004. 5. 18. 함백산(강원)

두릅나무잎벌레

Oomorphoides cupreatus

매우 작은 종으로, 몸 전체가 광택이 강한 흑청색이나 때때로 청람색의 개체도 눈에 띤다. 등 쪽은 볼록하게 튀어나왔으며, 앞가슴 등판 양쪽으로 둥글게 나와 있다. 3월 말~5월 초에 두릅나무의 새순에서 발견되며, 개체 수가 꽤 많은 것 같다. 암컷은 두릅나무의 잎과 줄기에 알을 낳은 다음, 자신의 똥으로 싸서 실 끝에 매달아 놓는다.

◆ 몸 길이 / 2.8~3.3mm
◆ 출현기 / 3~5월, 7~8월
◆ 서식지 / 양지바른 산비탈
◆ 국내 분포 / 북부, 중부, 남부
◆ 국외 분포 / 일본

○ 참나무류 잎에 날아온다. 1994. 5. 30. 두륜산(전남)

◆ 몸 길이 / 6.2~8.2mm
◆ 출현기 / 4~5월, 7~8월
◆ 서식지 / 낙엽 활엽수림
◆ 국내 분포 / 중부, 남부
◆ 국외 분포 / 일본, 중국

흰활무늬잎벌레
Trichochrysea japana

몸의 등 쪽이 구릿빛이 나는 적갈색이다. 딱지날개에는 중앙 조금 아래에 흰색 가루로 덮인 무늬가 있어 종 구별은 어렵지 않다. 앞가슴등판 앞쪽은 각이 져서 두드러진다. 보통 먹이 식물인 밤나무나 상수리나무, 졸참나무의 잎 위에 앉아 있는 것을 발견할 수 있는데, 그다지 많아 보이지 않는다.

281

● 온몸에 흰 분칠을 한 듯하다. 2004. 5. 16. 주금산(경기)

사과나무잎벌레

Lypesthes ater

몸은 검은색이나 등 쪽에만 흰색의 아주 가는 털이 빽빽이 감싸고 있어 회색을 띠는 것처럼 보인다. 다리는 갈색을 띠는데, 때로 적갈색을 띠는 개체도 있다. 흔한 종으로, 사과나무, 배나무, 매화나무, 호두나무의 잎을 먹는 것으로 알려져 있다.

◆ 몸 길이 / 6~7mm
◆ 출현기 / 5~7월
◆ 서식지 / 활엽수림, 경작지 주변
◆ 국내 분포 / 중부, 남부, 제주도
◆ 국외 분포 / 일본, 중국 북부
※ 어른벌레가 된 지 오래 되면 몸의 털이 벗겨져 원래의 검은 몸 빛깔을 드러내기도 한다.

◆ 짝짓기 2003. 7. 24. 방태산(강원)

◆ 몸 길이 / 11~13mm
◆ 출현기 / 5~8월
◆ 서식지 / 평지, 개울가
◆ 국내 분포 / 북부, 중부
◆ 국외 분포 / 일본, 중국, 러시아(시베리아 동부), 몽골
※ 애벌레는 박주가리의 뿌리를 먹는 것으로 알려져 있다.

중국청람색잎벌레
Chrysochus chinensis

몸은 보랏빛이 감도는 검은색으로 등 쪽이 둥그렇게 솟아 매우 뚱뚱해 보이면서도 화려한 잎벌레이다. 겹눈 뒤로 움푹 팬 부분이 분명하게 나타난다. 매우 큰 잎벌레류로, 한여름에 하천변의 박주가리의 잎과 줄기에 여러 마리가 붙어 있는 경우가 많아 관찰하기 쉬운데, 간혹 떼로 발생하는 경우도 있다. 어른벌레는 고구마 잎 등 주변 식물에도 간다.

283

◎ 주로 오리나무 잎에 붙어 있는 것을 볼 수 있다. 2004. 7. 22. 고창군 선운사(전북)

참금록색잎벌레
Linaeidea adamsi

몸은 검은색이고, 머리는 청흑색, 앞가슴 등판은 적갈색을 띤다. 딱지날개는 광택이 강한 청람색이다. 몸의 너비는 길이의 2/3 이하이며, 앞가슴등판은 앞쪽으로 갈수록 너비가 좁아진다. 더듬이 끝 3마디는 검고 다리는 적갈색이다. 주로 물오리나무의 잎에 붙어 있는 것을 볼 수 있으며, 잎을 먹거나 짝짓기를 하는 장면 등 여러 생태 특징을 한 장소에서 관찰할 수 있다.

◆ 몸 길이 / 6.5~8.5mm
◆ 출현기 / 5~9월
◆ 서식지 / 평지, 습지, 산지의 계곡
◆ 국내 분포 / 북부, 중부, 남부
◆ 국외 분포 / 중국
※ 7월경에 개체 수가 매우 많으며, 주로 습지 주변에서 볼 수 있다.

◯ 소리쟁이의 잎을 먹는다. 2000. 4. 24. 홍천 이포 강가(강원)

◆ 몸 길이 / 5~6mm
◆ 출현기 / 3~5월
◆ 서식지 / 강변, 밭가, 공원 등
◆ 국내 분포 / 부속 섬을 제외한 전국
◆ 국외 분포 / 일본, 중국, 러시아(시베리아 동부), 타이완, 베트남

좀남색잎벌레
Gastrophysa atrocyanea

몸은 흑청색이고, 등 쪽에 작은 홈들이 촘촘하다. 어른벌레는 3월경부터 보이는데, 소리쟁이의 어린잎을 먹는다. 여기에서 짝짓기를 한 후 잎 뒷면에 30여 개의 알을 한꺼번에 낳아 붙인다. 부화 후 애벌레는 소리쟁이의 잎을 먹고 20일 정도 자란 후 흙 속에 들어가 번데기가 되었다가 다시 6~7일 정도 지나면 어른벌레가 된다. 어른벌레는 바로 여름잠을 자고 겨울을 난 다음 이듬해에 다시 활동한다.

○ 알을 낳으려는 암컷 2000. 4. 24. 홍천 이포 강가(강원)

○ 알 2004. 3. 27. 옥천(충북)

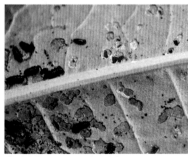

○ 애벌레 1994. 5. 30. 전곡(경기)

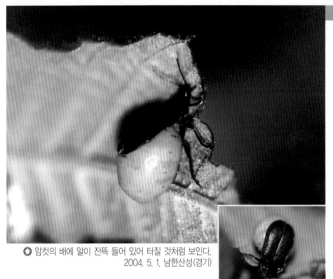

◐ 암컷의 배에 알이 잔뜩 들어 있어 터질 것처럼 보인다.
2004. 5. 1. 남한산성(경기)

◐ 2004. 5. 1. 남한산성(경기)

◆ 몸 길이 / 7~8mm
◆ 출현기 / 연중
◆ 서식지 / 활엽수림
◆ 국내 분포 / 경기, 강원, 경북
◆ 국외 분포 / 일본, 중국, 러시아(시베리아 동부), 타이완, 베트남
* 이름은 '호두나무잎벌레'이나 야외에서 보면 주로 가래나무를 먹는다.

호두나무잎벌레
Gastrolina depressa

몸은 검은색이고, 딱지날개는 보랏빛을 띤 검은색이다. 전체 모습은 매우 납작하다. 겨울을 난 다음 4월 말에 나타나기 시작하여 호두나무나 가래나무의 잎을 먹는다. 간혹 큰 가래나무의 모든 잎을 먹어치우는 일도 있다. 잎표면에 흰 알을 무더기로 낳고 부화한 애벌레도 그 잎을 갉아먹는다. 새로운 어른벌레는 6~7월에 다시 나타나서 활동하다가 그대로 겨울을 난다.

287

◐ 쑥에 잘 날아온다. 2004. 5. 30. 삼척군 추동리(강원)

쑥잎벌레

Chrysolina aurichalcea

몸은 전체가 검은데, 푸른색 또는 붉은 기가 조금 있다. 딱지날개에 홈이 불규칙하게 있으며, 어깨부에서 뚜렷하게 나타난다. 주로 먹이 식물인 쑥에서 발견되며, 잎과 줄기 사이에 머리를 파묻듯이 하고 쉬는 경우가 많다. 암컷은 뿌리 부근에 알을 낳으며, 애벌레는 5월 중순경 먹이 식물 잎 위에서 많이 발견된다.

◆ 몸 길이 / 7~10mm
◆ 출현기 / 연중
◆ 서식지 / 논밭 주변, 산지, 쑥밭
◆ 국내 분포 / 전국
◆ 국외 분포 / 일본, 중국, 타이완, 러시아(시베리아), 몽골, 유럽 서부
※ 추위에 강하여, 한기가 느껴질 때도 쑥에서 발견된다.

○ 오리나무류 잎을 먹는다.
1999. 5. 30. 주금산(경기)
○ 딱지날개가 붉고 커서 눈에 잘 띈다.
2004. 4. 18. 주금산(경기)

◆ 몸 길이 / 10~12mm
◆ 출현기 / 4~9월
◆ 서식지 / 활엽수림 가장자리, 경작지 주변
◆ 국내 분포 / 부속 섬을 제외한 전국
◆ 국외 분포 / 일본, 중국, 러시아(시베리아 동부), 몽골, 인도, 중앙 아시아, 유럽
※ 1년에 두 번 발생하는데, 봄과 여름에 다 마친다.

사시나무잎벌레

Chrysomela populi

대형 잎벌레류로, 몸은 푸른색이 감도는 검은색이다. 딱지날개는 붉은색을 띠는데, 봉합선 끝에 작은 검은 무늬가 있다. 앞가슴등판 양쪽은 움푹 패었으며, 너비는 길이의 2배 정도에 이른다. 이른 봄부터 버드나무나 황철나무 잎이나 가지에 붙어 있는 경우가 많다. 건드리면 애벌레와 번데기의 몸 옆에서 유백색의 액체를 분비한다.

❂ 딱지날개에 길쭉길쭉한 반점이 많다.
1995. 5. 7. 주금산(경기)
❂ 가끔 딱지날개 전체가 검게 된 개체도 나타난다.
2004. 4. 15. 제천 유암리(충북)

버들잎벌레

Chrysomela vigintipunctata

전체 모습은 무당벌레류와 비슷하다. 머리와 더듬이, 배 부분은 검은색이다. 딱지날개는 황갈색 바탕인데, 봉합선과 그 밖에는 검은 점무늬들이 퍼져 있다. 점의 크기는 매우 다양하며, 개체에 따라 딱지날개 거의 대부분이 검게 된 것도 있다. 다리는 검은색이고, 넓적다리마디의 기부 등 일부분은 황갈색을 띤다. 각종 버드나무류에 붙어 있으며, 매우 흔한 종이다.

◆ 몸 길이 / 7~9mm
◆ 출현기 / 연중
◆ 서식지 / 활엽수림 가장자리, 경작지 주변
◆ 국내 분포 / 부속 섬을 제외한 전국
◆ 국외 분포 / 일본, 중국, 타이완, 러시아(시베리아), 몽골, 유럽
※ 잎벌레류는 더듬이가 머리의 너비보다 뚜렷이 길지만 무당벌레류는 매우 짧다.

❂ 무리지어 머루 잎을 갉아먹는다.
1997. 8. 14. 쌍용(강원)
❂ 무당벌레와 닮았다.
1992. 9. 20. 금강 유원지(충북)

◆ 몸 길이 / 10~13mm
◆ 출현기 / 연중
◆ 서식지 / 활엽수림 가장자
　리, 경작지 주변
◆ 국내 분포 / 북부, 중부, 남부
◆ 국외 분포 / 중국, 타이완,
　베트남, 캄보디아, 라오스
※ 알로 겨울을 난다.

열점박이별잎벌레
Oides decempunctatus

　몸은 노란색 바탕에 딱지날개에만 검고 둥
근 점이 10개 있다. 전체가 둥글고, 등이 높
이 솟은 생김새여서 바가지를 엎어 놓은 듯
하다. 더듬이의 끝부분 여러 마디는 검은색
을 띤다. 주로 머루 잎을 먹기 때문에 구멍이
많이 난 머루 잎을 찾아보면 쉽게 발견할 수
있다. 우리 나라에서 가장 큰 잎벌레이다.

❍ 다래나무에서 흔히 보인다. 1995. 5. 5. 축령산(경기)

노랑가슴녹색잎벌레
Agelasa nigriceps

머리와 가운데가슴, 뒷가슴의 배 부분과 딱
지날개는 광택이 있는 청록색을 띠고, 앞가슴
등판과 배, 다리는 적갈색을 띠어 구별된다.
더듬이는 흑갈색을 띠며, 앞가슴등판에 1쌍의
홈이 있다. 아주 흔한 종으로, 겨울을 난 어른
벌레는 봄철 다래나무 잎을 먹는데, 여러 마리
를 쉽게 볼 수 있다.

◆ 몸 길이 / 6~8mm
◆ 출현기 / 연중
◆ 서식지 / 활엽수림
◆ 국내 분포 / 중부, 남부
◆ 국외 분포 / 일본, 중국 동
   북부, 러시아(시베리아)
※ 많이 발생한 해의 이른 봄
   에는 어른벌레가 각종 꽃
   잎을 뜯어 먹곤 한다.

◐ 더듬이가 톱날과 같다.
2004. 3. 27. 옥천(충북)
◐ 짝짓기 2001. 4. 27. 한택식물원(경기)

◆ 몸 길이 / 7~10mm
◆ 출현기 / 3~8월
◆ 서식지 / 강변, 평지, 산지
 의 숲 가장자리
◆ 국내 분포 / 전국
◆ 국외 분포 / 일본, 중국, 러시
 아(시베리아 동부), 타이완
※ 어른벌레는 가끔 돌배나무
 의 꽃잎도 먹어치운다. '호
 장근잎벌레' 라고도 한다.

상아잎벌레
Gallerucida bifasciata

몸은 검은색이고, 딱지날개에 3개의 노란 띠무늬가 뚜렷이 나 있는데, 그 크기나 생김새의 변이가 심하다. 앞가슴등판에도 뚜렷한 홈이 1쌍 있다. 전체를 볼 때 등 쪽이 높아 공처럼 보인다. 흔한 종으로, 이른 봄부터 여름까지 어른벌레를 볼 수 있다. 호장근, 며느리배꼽, 참소리쟁이 등의 식물 주위에서 배회하는 것을 볼 수 있으며, 애벌레도 이 식물을 먹이로 삼는다.

❸ 몸은 주황색과 검은색의 조화가 잘 이루어져 있다. 2004. 7. 21. 완도 정도리(전남)

밤나무잎벌레
Physosmaragdina nigrifrons

몸은 검은색이나 앞가슴등판과 딱지날개는 주황색을 띤다. 앞가슴등판 뒷선두리는 각이 진 모양이다. 딱지날개에 가로띠 모양의 검은색 무늬는 앞쪽과 뒤쪽으로 나뉘는데, 앞쪽은 짙은 개체부터 약간 흔적만 남아 있는 개체, 아예 없어진 개체까지 변이의 폭이 넓다. 7~8월에 산 가장자리의 밤나무나 풀밭과 경작지 주위에서 많이 볼 수 있다.

◆ 몸 길이 / 5mm 안팎
◆ 출현기 / 4~10월
◆ 서식지 / 평지, 산 가장자리 풀밭
◆ 국내 분포 / 전국
◆ 국외 분포 / 일본, 중국, 타이완, 베트남
※ 밤나무에서 어른벌레가 자주 발견되나, 애벌레는 먹이 식물로 참억새를 이용하는 것으로 알려져 있다.

● 강가의 박주가리에서 발견된다. 2004. 5. 13. 구의동(서울)

◆ 몸 길이 / 5~6mm
◆ 출현기 / 5~6월
◆ 서식지 / 강변, 논 주위의
　　풀밭
◆ 국내 분포 / 중부, 남부
◆ 국외 분포 / 일본, 중국
※ 애벌레는 박주가리 뿌리를
　먹고 산다고 한다.

황갈색벼룩잎벌레
Phygasia fulvipennis

　머리, 더듬이, 앞가슴등판은 검으나 배와
딱지날개는 어두운 적갈색을 띤다. 딱지날개
에는 어깨 부위에서 양 옆으로 아래까지 융기
된 줄이 두드러져 보인다. 한강변과 큰 강이나
논 주위의 풀밭에서 자라는 박주가리에 붙는
다. 움직임이 빠르지 않고, 인기척에 별로 민
감하지 않으나 건드리면 아래로 떨어진다.

○ 갯버들 잎에 잘 날아온다. 2004. 5. 1. 남한산성(경기)

질경이잎벌레
Lochmaea capreae

몸은 황갈색이고, 머리와 몸 아래, 더듬이
와 다리는 검은색을 띤다. 앞가슴등판 가운데
에는 1쌍의 홈이 분명하다. 주로 갯버들과 버
드나무, 황철나무 잎에 앉아 구멍을 내듯 잎
을 갉아먹는다. 어른벌레로 겨울을 나고 활동
하다가 이듬해 6월경에 산란한다.

◆ 몸 길이 / 5~6mm
◆ 출현기 / 5~9월
◆ 서식지 / 활엽수림 가장자리
◆ 국내 분포 / 중부, 남부
◆ 국외 분포 / 일본, 중국 북
부, 러시아(시베리아), 유럽

◎ 잎 위에 앉아 주위를 경계하는 모습이다. 2004. 7. 21. 완도(전남)

◆ 몸 길이 / 6mm 안팎
◆ 출현기 / 4~10월
◆ 서식지 / 들판
◆ 국내 분포 / 전국
◆ 국외 분포 / 일본, 중국, 러시아(시베리아 동부), 타이완, 베트남
※ 애벌레는 뿌리를 먹고 산다고 한다.

검정오이잎벌레
Aulacophora nigripennis

몸은 황갈색을 띠지만 더듬이의 등면과 다리, 딱지날개는 푸른색 광택이 감도는 검은색이다. 오이의 잎을 먹는 것으로 알려져 있으며, 굴나무나 팽나무 잎에도 날아온다. 보통 개활지에 살며, 한 장소에서 여러 마리를 한꺼번에 볼 수 있다. 놀라면 일제히 날아간다. 어른벌레로 겨울을 나며, 연중 볼 수 있으나 한여름에 많다.

○ 호랑버들 잎을 먹다가 다가가니까 경계하고 있다. 2004. 5. 1. 춘천(강원)

오리나무잎벌레

Agelastica coerulea

몸 전체가 푸른색을 머금은 검은색으로, 몸 아래로 홈이 빽빽하게 나 있다. 계곡 주변에 자라는 오리나무류의 잎에서 어른벌레나 애벌레를 쉽게 볼 수 있다. 많을 때에는 한 나무의 잎을 모두 먹어치워 산림의 주요 해충처럼 알려진 적이 있다. 암컷은 황백색의 알을 10여 개씩 뭉쳐 잎에 낳는다.

◆ 몸 길이 / 6~8mm
◆ 출현기 / 연중
◆ 서식지 / 평지나 산지의 숲 가장자리
◆ 국내 분포 / 강화도를 포함한 내륙
◆ 국외 분포 / 일본, 중국 동북부, 러시아(시베리아 동부), 북아메리카

● 뒷다리의 넓적다리마디가 유난히 굵다. 1994. 7. 21. 주금산(경기)

◆ 몸 길이 / 9~12mm
◆ 출현기 / 6~9월
◆ 서식지 / 산지의 숲 가장자리
◆ 국내 분포 / 중부, 남부
◆ 국외 분포 / 중국, 타이완
※ 알로 겨울을 나고, 애벌레
　는 배설물로 몸을 가린다.

왕벼룩잎벌레
Ophrida spectabilis

　몸은 광택이 나는 적갈색으로, 길고 둥글게 보인다. 딱지날개에는 심하게 구부러진 연미색 무늬가 있다. 다리는 황갈색이고 더듬이의 제5~11마디 쪽은 적갈색을 띤 검은색이다. 대형 잎벌레류로, 잎 위에 앉아 있는 경우가 많다. 뒷다리의 넓적다리마디는 매우 두툼하여 벼룩의 다리를 연상시킨다. 애벌레는 개옻나무, 붉나무 등을 먹는다.

❂ 으아리 잎을 먹는다. 2004. 4. 15. 춘천시 남면 가정리(강원)

단색둥글잎벌레
Argopus unicolor

몸은 전체가 갈색을 띤 붉은색으로 빛깔이 균일하다. 더듬이는 기부에서 제4마디까지 황갈색을 띠나 나머지는 검은색이다. 다리는 적갈색을 띤다. 이마방패가 삼각형을 이루어 특징적이다. 간혹 으아리, 사위질빵, 할미꽃의 잎 위에서 발견되는데, 잎을 먹는 것으로 보아 어른벌레의 먹이 식물로 추측된다.

◆ 몸 길이 / 4~5mm
◆ 출현기 / 5~6월
◆ 서식지 / 산지의 확 트인 공간
◆ 국내 분포 / 중부
◆ 국외 분포 / 일본, 러시아 (시베리아 동부)
※ 이름의 '단색'은 몸 빛깔이 한 가지 색이라는 말이다.

◐ 꽃을 특히 좋아한다. 1996. 10. 12. 광덕산(강원)

◆ 몸 길이 / 3~4mm
◆ 출현기 / 연중
◆ 서식지 / 산지의 숲 가장자리나 산길
◆ 국내 분포 / 전국
◆ 국외 분포 / 일본, 중국, 타이완
※ 꽃잎에 여러 마리가 한꺼번에 앉아 있는 것을 흔히 볼 수 있다.

점날개잎벌레
Nonarthra cyanea

몸은 광택이 나는 흑청색인데, 배는 적갈색을 띤다. 딱지날개의 홈들은 눈에 띄게 촘촘하다. 머리는 앞으로 튀어나오고 뒷다리가 유난히 굵어 자극을 주면 벼룩처럼 튀어오른다. 겨울을 난 어른벌레는 양지꽃, 진달래, 버드나무 등 여러 꽃에 날아와 꽃잎이나 꽃가루를 뜯어먹는다. 일본에서는 애벌레가 삼나무의 이끼류를 먹고 자라는 것으로 알려져 있다.

❂ 참나무 잎에서 발견된다. 2004. 5. 18. 영월군 팔괴리(강원)

안장노랑테가시잎벌레

Dactylispa excisa

몸은 검은색이며, 앞가슴등판 양 가장자리로 긴 가시가 있다. 딱지날개는 불규칙하게 도드라져 있는데, 앞쪽과 뒤쪽이 너비가 넓게 튀어나온 것이 특징이다. 갈참나무와 떡갈나무 위에서 가끔 발견되는데, 그리 흔한 종은 아니다.

◆몸 길이 / 4.2~4.6mm
◆출현기 / 4~7월
◆서식지 / 산지의 숲 가장자리
◆국내 분포 / 중부, 남부
◆국외 분포 / 일본, 중국, 타이완
※가시잎벌레류의 애벌레는 잎의 앞뒷면 사이에 굴을 파고 산다.

○ 온몸에 가시가 나 있다. 2004. 5. 30. 영월(강원)

◆ 몸 길이 / 5~5.2mm
◆ 출현기 / 5~6월
◆ 서식지 / 경작지 주변의 풀밭
◆ 국내 분포 / 중부, 남부
◆ 국외 분포 / 일본, 중국, 러시아(시베리아 동부)

큰노랑테가시잎벌레
Dactylispa masonii

몸은 거의 흑갈색이며, 등 쪽으로 적갈색 무늬가 아주 드문드문 나타난다. 배는 테두리가 적갈색인 것을 제외하면 검은색이다. 앞가슴등판 가장자리는 3쌍의 돌기가 나 있다. 유충의 먹이 식물로 머위와 쑥부쟁이가 알려져 있으며, 어른벌레는 쑥 위에서 쉽게 관찰된다. 아주 작기 때문에 접근해야만 볼 수 있다.

○ 물 속에 사는 남생이를 닮았다. 2004. 6. 27. 봉명리(강원)

남생이잎벌레
Cassida nebulosa

딱지날개를 포함한 몸의 등면은 흑갈색 바탕으로 검은 점무늬가 불규칙하게 퍼져 있다. 더듬이 끝 4~5마디는 검다. 딱지날개의 가장자리 중앙에 약하게 부풀어오른다. 다리는 적갈색이며 배는 검다. 어른벌레는 여름에 나타나 활동하다가 그대로 겨울을 나고 이른 봄에 산란을 한다. 애벌레는 5~7월에 명아주 잎에서 발견되는데, 벗은 허물을 뒤집어쓰고 다니기 때문에 다른 종들과 구별된다.

◆ 몸 길이 / 6.3~7.2mm
◆ 출현기 / 4~7월
◆ 서식지 / 경작지, 낮은 산지의 풀밭
◆ 국내 분포 / 전국
◆ 국외 분포 / 일본, 중국 북부, 러시아(시베리아), 몽골, 유럽
※ 애벌레의 먹이 식물은 명아주와 흰명아주이다.

◐ 흔히 볼 수 있는 종이다. 2004. 5. 16. 주금산(경기)

◆ 몸 길이 / 7~8mm
◆ 출현기 / 5~7월, 가을에 다시 나타났다가 겨울을 난다.
◆ 서식지 / 활엽수림 가장자리
◆ 국내 분포 / 중부, 남부
◆ 국외 분포 / 일본, 중국, 타이완, 인도차이나, 미얀마, 인도

큰남생이잎벌레
Thlaspida cribrosa

몸의 등 쪽은 어두운 갈색을 띠는데, 앞가슴등판은 약간 적갈색 기가 나타난다. 딱지날개의 후반부에 암색 띠가 둥글게 부풀어 보인다. 더듬이는 적갈색이며 끝부분 5마디는 검다. 다리는 황갈색이다. 어른벌레는 4월 중순부터 작살나무에서 발견되며, 잎에 납작하게 붙어 있어 처음 보는 사람은 곤충으로 인식하지 못한다. 애벌레는 자신의 배설물을 등에 달되, 가시처럼 돌기가 난 형태로 지낸다.

305

❂ 잎에 붙어 있을 때에는 움직임이 별로 없다. 2003. 5. 4. 주금산(경기)

루이스큰남생이잎벌레
Thlaspida lewisii

머리는 적갈색, 앞가슴등판은 검은색이다. 마치 자라와 같은 생김새 부분만 검고 나머지 가장자리는 황갈색을 띤다. 몸 아래는 검은데, 다리는 적갈색을 띤다. 등면은 튀어나왔으며 매우 도드라져 보인다. 겨울을 난 어른벌레는 5월경에 쇠물푸레나무의 잎에서 보인다. 애벌레는 배설물을 달되, 가시처럼 돌기가 난 형태로 지낸다.

◆ 몸 길이 / 5~7mm
◆ 출현기 / 5~7월, 가을에 다시 나타났다가 겨울을 난다.
◆ 서식지 / 평지, 산 가장자리
◆ 국내 분포 / 전국
◆ 국외 분포 / 일본, 중국 동부, 러시아(시베리아 동부)
※ 먹이 식물은 쇠물푸레나무와 쥐똥나무이다.

❍ 몸에서 금색의 광택이 난다. 2000. 9. 30. 평창(강원)

◆ 몸 길이 / 6.2~7.2mm
◆ 출현기 / 4~5월, 8~11월
◆ 서식지 / 평지, 산 가장자리 풀밭
◆ 국내 분포 / 중부, 남부
◆ 국외 분포 / 일본, 중국, 타이완, 러시아(시베리아 동부)
※ 1년에 두 번 출현한다.

모시금자라남생이잎벌레
Aspidomorpha transparipennis

딱지날개는 노란색을 띤 갈색으로 미세한 곰보 모양의 홈들이 줄지어 있으며, 특별히 들쑥날쑥한 부분은 없으나 등 쪽이 완만하게 솟아 있다. 또 주변부는 투명하고 딱지날개는 살아 있을 때 황금빛이 난다. 전체 모습은 물 속에 사는 자라 모양이다. 애벌레는 메꽃의 잎을 먹는다.

소바구미과 [Anthribidae]

　납작하고 넓은 주둥이를 가지는데, 몸이 너비에 비해 긴 편이다. 더듬이가 유난히 길거나 마디에 따라 생김새가 아주 다른 종류도 있다. 죽은 나무에 감염된 곰팡이를 먹고 사는 종이 많으나, 열매를 뚫고 살거나 저장 농산물에서 생활하기도 한다. 우리 나라에 39종이 있으나, 연구가 진행될수록 앞으로 더 많은 종이 밝혀질 것 같다.

❶ 버섯소바구미　　　　　　　　❷ 북방길쭉소바구미
❸~❹ 우리흰별소바구미　　　　❺ 회떡소바구미

○ 썩은 나무에 핀 버섯을 먹고 있다. 2000. 7. 18. 여주(경기)

◆ 몸 길이 / 6.5~10mm
◆ 출현기 / 5~8월
◆ 서식지 / 낙엽 활엽수림
◆ 국내 분포 / 중부, 남부
◆ 국외 분포 / 현재까지 한국 고유종이다.
※ 썩은 나무에 핀 버섯에서 관찰된다.

우리흰별소바구미
Platystomos sellatus longicrus

몸은 짙은 갈색과 회백색의 털로 된 무늬가 있다. 특히 머리 위와 딱지날개 끝부분은 회황색을 띠며, 딱지날개 가운데에 흰 털 무늬가 있으나 개체마다 약간의 색채 변이가 나타난다. 수컷의 더듬이는 암컷보다 훨씬 길어 차이가 난다. 행동이 그다지 빠르지 않아 관찰하기 쉽지만 잡다가 떨어뜨리면 생각보다 빠르게 날아간다.

○ 썩은 나무 위에서 암컷을 뒤쫓는 수컷 2004. 6. 19. 주금산(경기)

회떡소바구미
Sphinctotropis laxus

몸은 검은색이고 주둥이에는 흰 털이 나 있다. 앞가슴등판 뒷부분과 작은방패판, 딱지날개 끝이 튀어나왔으며, 딱지날개의 앞과 뒷부분에 흰 털이 있다. 더듬이의 끝은 곤봉처럼 부풀어 있으며, 이 마디가 다른 마디보다 조금 길다. 다리에도 흰 털이 군데군데 나 있다. 주로 개울가 썩은 나무의 버섯에 잘 모이는데, 주변과 잘 어울려 있어 찾기가 어렵다.

◆ 몸 길이 / 14mm 안팎
◆ 출현기 / 5~10월
◆ 서식지 / 이끼가 많고 죽은 나무가 있는 개울가
◆ 국내 분포 / 중부, 남부
◆ 국외 분포 / 일본, 중국, 러시아(연해주)

주둥이거위벌레과 [Rhynchitidae]

주둥이가 긴 종이 많아서 '주둥이거위벌레'라고 한다. 이 과의 종들은 대부분 색이 뚜렷하고 광택을 지닌 종들이 많으며, 일부는 등에 털이 많다. 학자에 따라 이 과를 거위벌레과의 한 아과로 취급하는 경우도 있다. 우리 나라에 45종이 있다.

❶ 포도거위벌레   ❷~❸ 뿔거위벌레   ❹ 단풍뿔거위벌레
❺ 황철거위벌레   ❻ 복숭아거위벌레   ❼ 어리복숭아거위벌레
❽ 딱부리꼬마거위벌레   ❾ 꼬마주둥이거위벌레   ❿ 도토리거위벌레

⬆ 아주 작지만 꽃 위에서는 눈에 잘 띈다. 2000. 7. 21. 광교산(경기)

참나무꼬마거위벌레

Deporaus mannerheimii

작은 거위벌레류로, 몸은 청흑색을 띠며, 전체 모습이 가늘고 길다. 주둥이는 다른 거위벌레보다 눈에 띄게 짧은 편이나 이에 비해 더듬이는 긴 편이다. 더듬이의 제3마디가 꽤 길어 구별하기 쉽다. 가끔 어른벌레는 참나무류의 잎 위에서 발견된다.

◆ 몸 길이 / 3.2~4.4mm
◆ 출현기 / 5~8월
◆ 서식지 / 낙엽 활엽수림
◆ 국내 분포 / 북부, 남부
◆ 국외 분포 / 일본, 중국, 러시아(쿠릴, 시베리아), 몽골, 인도, 유럽

○ 딱지날개가 울퉁불퉁하다. 1990. 4. 29. 화야산(경기)

◆ 몸 길이 / 4~5mm
◆ 출현기 / 5~7월
◆ 서식지 / 낮은 산지, 포도 재배 단지
◆ 국내 분포 / 전국
◆ 국외 분포 / 일본, 중국, 타이완, 러시아(시베리아 동부)

포도거위벌레
Byctiscus lacunipennis

주둥이는 비교적 짧고 굵으며 등이 넓적한 종류로, 몸 전체는 구릿빛이 도는 검은색이다. 더듬이도 검은색이며 곤봉 모양이다. 딱지날개는 울퉁불퉁하며, 약간 도드라져 보인다. 포도나 머루에 날아와 잎에 앉아 쉬는 일이 많다. 또 잎을 말아 그 속에 알을 낳는데, 포도 재배 농가에서는 매우 성가시게 여긴다.

313

❍ 딱지날개의 색이 아름답다. 1990. 5. 5. 쌍용(강원)

단풍뿔거위벌레

Byctiscus venustus

등면은 광택이 강한 짙은 녹색이며, 때로는 붉은색이 감도는 개체도 있다. 몸의 아랫면은 청람색을 띤다. 수컷 더듬이는 주둥이 중앙에 있으나 암컷은 중앙 직후에서 나온다. 앞가슴 등판과 딱지날개에는 곰보 모양의 홈이 많다. 먹이 식물로 단풍나무류가 알려져 있다.

◆ 몸 길이 / 5.5~8.5mm
◆ 출현기 / 5~6월
◆ 서식지 / 산지의 계곡
◆ 국내 분포 / 북부, 중부
◆ 국외 분포 / 일본, 러시아 (사할린, 쿠릴)
※ 여러 장의 잎을 둘러 붙여 요람을 만들므로 요람만 보고도 쉽게 구별된다.

🔵 복숭아를 해친다. 1990. 5. 5. 쌍용(강원)

◆ 몸 길이 / 7~10mm
◆ 출현기 / 5~6월
◆ 서식지 / 경작지 주변과 야산
◆ 국내 분포 / 부속 섬을 제외한 전국
◆ 국외 분포 / 일본, 중국 동북부, 러시아(연해주)

복숭아거위벌레
Rhynchites heros

몸은 보라색에 가까운 자주색이며, 앞가슴 등판과 딱지날개의 홈은 꽤 크고 많은 편이다. 주둥이는 꽤 길다. 어른벌레는 복숭아나무에 날아와 주둥이로 열매에 구멍을 뚫고 그 속에 알을 1개씩 낳는다. 알을 낳은 다음에는 열매가 붙은 가지를 꺾어 놓는 습성이 있는데, 이 작은 곤충이 한 일이라고 생각하기 어려울 정도다.

◐ 주둥이가 유난히 길어 보인다. 1998. 5. 23. 검단산(경기)

도토리거위벌레
Mecorhis ursulus

몸은 원래 검은색이나 온몸에 황회색의 긴 털이 빽빽하게 덮여 있다. 수컷의 주둥이는 딱지날개의 길이보다 긴데, 암컷은 더 길고 가늘다. 앞가슴등판과 딱지날개 위의 홈들이 매우 울퉁불퉁하다. 도토리에 구멍을 내어 알을 낳는데, 도토리가 달린 채로 가지를 잘라 나무 아래로 떨어뜨린다. 먹이 식물은 참나무류로 보인다.

◆ 몸 길이 / 7~11mm
◆ 출현기 / 6~9월
◆ 서식지 / 산 가장자리
◆ 국내 분포 / 전국
◆ 국외 분포 / 일본, 중국, 러시아(연해주)
※ 8월경 숲에서 참나무류의 가지가 떨어져 있는 것을 볼 수 있는데, 이것은 바로 '도토리바구미'의 산란 흔적이다.

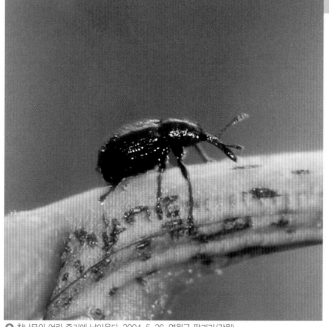

○ 참나무의 여린 줄기에 날아온다. 2004. 5. 26. 영월군 팔괴리(강원)

◆ 몸 길이 / 3~3.5mm
◆ 출현기 / 5~7월
◆ 서식지 / 산불이나 산사태
　가 난 2차림
◆ 국내 분포 / 중부
◆ 국외 분포 / 러시아(연해주,
　사할린, 아무르)
※ 봄에 참나무의 새순에 잘
　모인다.

꼬마주둥이거위벌레
Haplorhynchites hirticollis

몸은 밝은 청람색이고, 주둥이가 앞가슴등판의 길이보다 약간 길다. 앞가슴등판의 홈들은 그다지 뚜렷하지 않다. 앞가슴과 딱지날개, 다리에는 잔털이 빽빽이 들어차 있다. 이 종은 우리 나라에 최근에 소개된 종으로, 닮은 종이 많아 동정에 주의해야 한다.

317

거위벌레과 [Attelabidae]

이 과는 보통 두 무리로 나뉘는데, 머리와 앞가슴, 잎을 마는 다리의 종아리 마디의 생김새에 따라 나뉜다. 알을 낳을 때 애벌레의 먹이가 될 식물의 잎에 알을 낳고, 주먹 모양으로 말아 집(요람)을 만든다. 애벌레는 이 집을 먹고 자라서 번데기가 된다. 우리 나라에 34종이 있다.

❶ 거위벌레　　　　　　　❷ 북방거위벌레　　　　　　❸ 검정거위벌레
❹ 분홍거위벌레　　　　　　❺ 느릅나무혹거위벌레　　　　❻ 등빨간거위벌레
❼ 노랑배거위벌레　　　　　❽ 알락거위벌레　　　　　　　❾∼❿ 왕거위벌레
⓫ 앞다리톱거위벌레

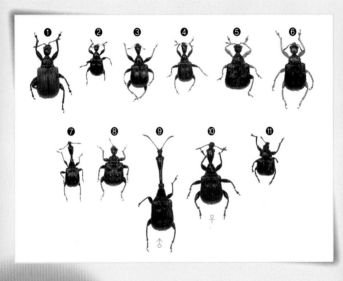

❍ 머리와 앞가슴등판, 다리가 붉다. 2004. 7. 23. 고창군 선운사(전북)

- ◆ 몸 길이 / 6.5~7mm
- ◆ 출현기 / 6~10월
- ◆ 서식지 / 평지나 낮은 산지
- ◆ 국내 분포 / 북부, 중부, 남부
- ◆ 국외 분포 / 중국 북부, 러시아(시베리아 동부)

등빨간거위벌레
Tomapoderus ruficollis

몸은 주황색을 띠고 딱지날개는 흑청색을 띠어 대조를 이룬다. 머리와 뒷가슴 중앙, 배 아랫면은 검은색을 띤다. 다만, 머리 중앙의 검은색 무늬는 개체에 따라 없는 것도 있다. 어른벌레는 주로 느릅나무와 느티나무의 잎 위에서 볼 수 있으며, 잎을 반만 잘라 ㄴ자 모양으로 말아 요람을 만든다. 대개 암컷이 날아오면 2~3마리의 수컷이 달려드는 모습을 관찰할 수 있다.

❂ 사방오리나무 잎으로 요람을 만든다. 2003. 9. 8. 대부도(경기)

거위벌레
Apoderus jekelii

머리는 검은색이고, 나머지는 붉지만 개체에 따라 색채 변이가 심한 편이다. 암컷보다 수컷의 뒷목 부근이 훨씬 길다. 딱지날개에 곰보 모양의 홈이 많아 꺼칠꺼칠해 보인다. 흔한 종으로, 물오리나무, 오리나무, 까치박달, 참개암나무, 자작나무의 잎을 말아 요람을 만들어 그 속에 알을 낳아 놓는다.

◆ 몸 길이 / 6~10mm
◆ 출현기 / 5~9월
◆ 서식지 / 낙엽 활엽수림
◆ 국내 분포 / 제주도를 제외한 전국
◆ 국외 분포 / 일본, 중국 동북부, 러시아(사할린, 쿠릴열도, 연해주)
※ 만든 요람은 잎자루에 달아매지 않고 땅바닥에 떨어뜨린다.

○ 몸 전체가 붉다. 2004. 5. 30. 삼척군 추동리(강원)

◆ 몸 길이 / 6~7mm
◆ 출현기 / 5~7월
◆ 서식지 / 산 가장자리
◆ 국내 분포 / 전국
◆ 국외 분포 / 일본, 중국 동북부, 러시아(사할린, 연해주, 쿠릴 열도, 시베리아)

분홍거위벌레
Apoderus rubidus

몸은 광택이 나는 적갈색을 띤다. 겹눈은 검은색, 더듬이는 조금 엷어 보이고 끝은 부푼 곤봉 모양이다. 머리는 너비보다 길이가 2배 이상 길다. 넓적다리마디에 검은색 무늬가 나타난다. 딱지날개에는 9개의 홈줄이 나타나고, 나머지 부분은 평탄하다. 버드나무류, 물푸레나무류, 노린재나무류 등에 날아와 짝짓기를 하거나 알을 낳기 위해 잎을 재단한다.

❂ 왕모시풀에 잘 모인다. 2004. 7. 22. 고창군 선운사(전북)

느릅나무혹거위벌레
Phymatapoderus latipennis

몸은 검은색을 띠며, 더듬이와 배, 뒷다리, 넓적다리마디를 제외한 다리 전체, 배끝마디의 등판(미절판)은 노란색이다. 머리는 대체로 너비보다 길이가 길어 보이며, 기부로 갈수록 좁아진다. 딱지날개의 어깨 부위에는 오톨도톨한 작은 돌기가 여러 개 보인다. 흔한 종으로, 모시풀류의 잎에 산다.

◆ 몸 길이 / 6mm 안팎
◆ 출현기 / 6월
◆ 서식지 / 평지, 산지
◆ 국내 분포 / 북부, 중부, 남부
◆ 국외 분포 / 일본(홋카이도), 중국, 러시아(연해주, 사할린, 시베리아), 미얀마
※ 모시풀류의 잎에서 주맥을 모두 자르고 나머지 잎을 만다.

❍ 계곡의 풍게나무 잎에 앉아 있다. 2004. 9. 5. 주금산(경기)

◆ 몸 길이 / 6~6.5mm
◆ 출현기 / 7~9월
◆ 서식지 / 산지의 계곡
◆ 국내 분포 / 북부, 중부, 남부
◆ 국외 분포 / 중국
※ 팽나무, 산팽나무, 좀풍게나무 등을 이용하는 것으로 알려져 있다.

알락거위벌레

Paroplapoderus turbidus

몸은 적갈색이며, 검은색 무늬가 군데군데 나타난다. 특별히 딱지날개의 어깨 부위가 검고 복판에 10개의 검은 점무늬가 있다. 딱지날개의 어깨 부위는 원형 돌기가 완만하게 솟아 있다. 더듬이와 다리는 적갈색인데, 가운뎃다리와 뒷다리의 넓적다리마디 절반 아래는 검다. 주로 계곡에 많은 풍게나무 주위로 날아와 잎을 말아서 요람을 만든다.

❂ 거위벌레류 중 가장 크다. 1997. 6. 15. 검단산(경기)

왕거위벌레
Paracycnotrachelus longiceps

거위벌레류 중 가장 큰 종류로, 매우 흔하다. 몸은 대체로 붉은 갈색을 띠는데, 앞가슴등판과 딱지날개는 붉은 기가 강하며 광택이 난다. 수컷은 암컷보다 목이 훨씬 길어 거위와 같은 생김새가 뚜렷하다. 상수리나무, 떡갈나무, 오리나무류 등의 주위에 가 보면 많이 볼 수 있으며, 잎에 앉아 머리를 쭉 빼고 앉아 있는 모습이 잘 관찰된다.

◆ 몸 길이 / 8~12mm
◆ 출현기 / 5~8월
◆ 서식지 / 낙엽 활엽수림
◆ 국내 분포 / 전국
◆ 국외 분포 / 일본, 중국 동북부, 러시아(연해주, 아무르)

○ 배 아래가 노랗다. 2004. 5. 22. 태안군 신두리(충남)

◆ 몸 길이 / 3.5~5.5mm
◆ 출현기 / 4~6월
◆ 서식지 / 낮은 산지
◆ 국내 분포 / 북부, 중부, 남부
◆ 국외 분포 / 중국, 러시아(연해주, 아무르, 하바로브스크)
※ 도시의 아카시아나무에서도 관찰할 수 있으며, 한 장소에서 오래 기다리면 다시 날아오는 일이 많다.

노랑배거위벌레
Cycnotrachelus coloratus

몸은 광택이 나는 검은색이나 배와 배끝마디의 등판(미절판)은 노란색 또는 황적색을 띤다. 머리는 너비보다 길이가 긴데, 수컷은 2배 정도 되나 암컷은 조금 못 미친다. 수컷의 목 부분은 앞가슴 앞쪽으로 원통형으로 짧게 늘어났다가 길어진다. 눈은 툭 튀어나온다. 암컷의 목 부분은 원통형으로, 길어진 부분이 거의 없으며 수컷보다 넓다. 아카시아나무나 여러 싸리류의 잎에 앉아 있는 경우가 많은데, 인기척이 나면 아래로 떨어지듯이 날아간다.

바구미과 [Curculionidae]

딱정벌레 중 가장 많은 종류가 포함된 무리로, 우리 나라에 600여 종이 있다. 주둥이가 뾰족하고 길어 코끼리의 코 같은 인상을 준다. 주로 산림에 살며, 식물의 뿌리, 잎, 줄기, 꽃과 과일 등을 먹고 산다. 알을 낳는 방법이 재미있는데, 긴 주둥이로 식물의 조직 사이에 구멍을 파고 그 속에 알을 낳는다. 다 자란 애벌레는 그 속에서 나와 흙 속에서 번데기가 된다.

❶ 혹바구미
❷ 황초록바구미
❸ 대륙흰줄바구미
❹ 점박이길쭉바구미
❺ 길쭉바구미
❻ 산길쭉바구미
❼ 흰띠길쭉바구미
❽ 배자바구미
❾ 우엉바구미
❿ 솔곰보바구미
⓫ 솔검정혹바구미
⓬ 검정밤바구미
⓭ 닮은밤바구미
⓮ 알락밤바구미
⓯ 흰점박이꽃바구미

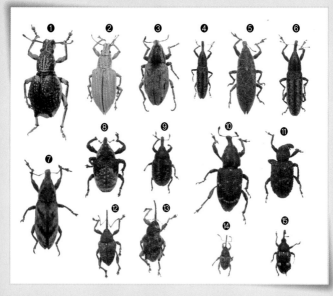

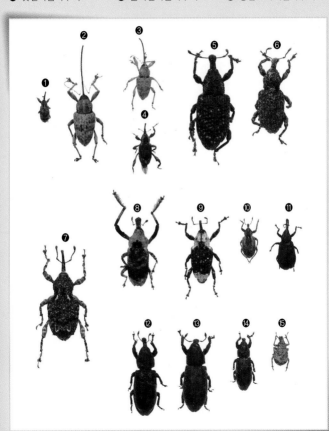

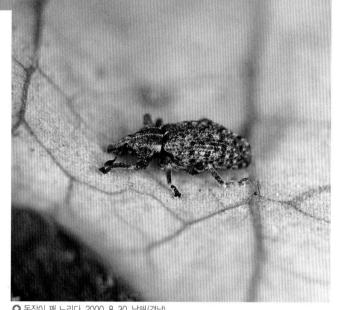

● 동작이 꽤 느리다. 2000. 8. 30. 남해(경남)

토끼풀뚱보바구미
Hypera graeseri

몸은 전체가 갸름해 보이는데, 회갈색 바탕에 흑갈색 털로 된 점무늬가 섞여 있다. 딱지날개의 비늘가루의 모습을 확대해 보면 끝이 둥근 원추형이다. 가끔 숲 속의 낙엽 사이를 기어다니는 모습을 관찰할 수 있는데, 이로 미루어 보아 낙엽 활엽수림에 적응한 종으로 여겨진다.

◆ 몸 길이 / 1.5~7.5mm
◆ 출현기 / 6~9월
◆ 서식지 / 낙엽 활엽수림
◆ 국내 분포 / 남부
◆ 국외 분포 / 중국, 러시아 북동부
※ 이 종과 '뚱보바구미'는 많이 닮아서, 이를 구별하기 위해서는 전문가의 도움이 필요하다.

● 으름덩굴 잎을 갉아먹고 있다. 2004. 5. 1. 남한산성(경기)

◆ 몸 길이 / 4.2~6mm
◆ 출현기 / 4~8월
◆ 서식지 / 낙엽 활엽수림
◆ 국내 분포 / 중부, 남부
◆ 국외 분포 / 중국 동북부, 러시아(연해주, 아무르, 사할린)

※ 아직 이들에 대한 생태학적 정보는 거의 없는 실정이다.

뭉뚝바구미
Cyphicerinus tessellatus

몸은 갈색에 흑갈색 무늬가 들어 있다. 주둥이는 짧고 눈의 양 주위가 약간 부풀어 보인다. 배는 길쭉하고 통통한 달걀 모양이며, 딱지날개는 곰보 모양이다. 숲 가장자리에 자라는 으름덩굴의 잎을 갉아먹으며 이 곳에서 짝짓기를 하는 모습이 관찰되었다. 건드리면 쉽게 떨어지기 때문에, 사진 촬영을 하려면 주의가 필요하다.

● 엉겅퀴 잎에 앉아 있다. 2004. 5. 18. 영월군 팔괴리(강원)

우엉바구미
Larinus latissimus

통통한 느낌이 드는 바구미류로, 주둥이는 가늘고 길다. 몸은 검고, 더듬이는 검거나 적갈색을 띤다. 다리의 발목마디가 붉어 특징적이다. 등 쪽에 연한 노란색의 털이 많아 얼룩덜룩해 보인다. 어른벌레는 엉겅퀴나 우엉 잎에서 발견되며 우엉 잎을 먹는다. 매우 느리게 움직이는데, 자극을 받으면 아래로 떨어져 누워 있는 모습이 죽은 것처럼 보인다.

◆ 몸 길이 / 5.5~8.5mm
◆ 출현기 / 7월~이듬해 4월
◆ 서식지 / 산 가장자리 풀밭
◆ 국내 분포 / 중부, 남부, 제주
◆ 국외 분포 / 일본, 중국

○ 쑥잎 위에서 잘 발견된다.
2004. 5. 18. 영월군 팔괴리(강원)
○ 붉은 분칠을 한 것 같다.
2001. 6. 3. 금강 유원지(충북)

◆ 몸 길이 / 6.5~12.5mm
◆ 출현기 / 4~9월
◆ 서식지 / 평지나 낮은 산지
　의 풀밭
◆ 국내 분포 / 북부, 중부
◆ 국외 분포 / 일본, 중국

점박이길쭉바구미
Lixus maculatus

　몸은 가늘고 길며 좁은 타원형이다. 바탕색은 검은색인데, 온몸에 주황색 가루가 덮여 있다. 끝이 뭉툭해 보이는 주둥이의 끝부분에도 미약하게 주황색 가루가 덮여 있다. 하지만 개체의 노화, 또는 채집하여 보관을 잘못하면 이 가루가 모두 벗겨져 온몸이 검게 된다. 낮은 산지의 축축한 길가에 자라는 쑥이나 여뀌의 잎 위에서 잘 발견되는데, 여뀌의 잎을 먹고 산다.

❂ 잎 위에 앉으면 눈에 잘 띈다. 2005. 7. 5. 주금산(경기)

배자바구미
Mesalcidodes trifidus

몸은 검은색으로, 앞가슴등판의 양쪽과 날개 끝을 제외한 딱지날개의 후반부, 그리고 가슴, 배 부분은 흰 털이 빽빽하다. 머리는 두 눈 사이에서 깊이 패어 있다. 주둥이는 긴 편인데, 끝으로 갈수록 약간 더 굵어진다. 딱지날개는 우툴두툴하게 융기물이 나와 있어 겉보기에도 매우 거칠어 보인다. 나뭇가지에 붙어 있는 모습은 어정쩡하게 달라붙어 있는 팬더 곰이 연상되기도 하고 새똥으로도 보인다. 칡 줄기에 상처를 내어 알을 낳는다고 한다. 어른벌레로 겨울을 난다.

◆ 몸 길이 / 6~10mm
◆ 출현기 / 4~9월
◆ 서식지 / 평지, 낮은 산지
◆ 국내 분포 / 전국
◆ 국외 분포 / 일본, 중국, 타이완
※ '배자'는 한복 가운데 겨울에 저고리 위에 입는 조끼 모양으로 생긴 덧저고리로, 등면의 흰색 부분이 바로 배자처럼 보이기 때문에 붙여진 이름이다.

○ 나무에 붙으면 발견하기 어렵다. 2001. 5. 15. 공주(충남)

◆ 몸 길이 / 7~13mm
◆ 출현기 / 6~7월
◆ 서식지 / 평지, 낮은 산지
◆ 국내 분포 / 전국
◆ 국외 분포 / 일본, 러시아
 (시베리아 동부)

솔곰보바구미
Hylobius haroldi

몸은 적갈색을 띠나 때로는 흑갈색을 띠기
도 한다. 등 쪽으로 노란색 무늬가 나타나는
데, 딱지날개에서는 줄무늬처럼 생겼다. 몸은
원통형에 가까우며, 주둥이가 굵고 길어 보인
다. 딱지날개의 너비는 길어서 양 옆이 평행하
다. 어른벌레는 주로 침엽수류의 잎을 해치며,
애벌레는 죽은 침엽수의 속을 파먹는다.

❶ 전체 모습이 멧돼지를 닮았다. 2000. 5. 9. 광교산(경기)

털보바구미

Enaptorrhinus granulatus

몸은 검은색으로 긴 털로 가득 덮여 있고, 녹색을 머금은 회백색 비늘조각이 촘촘하게 박혀 있어, 등 쪽에서 줄무늬 모양으로 보인다. 딱지날개의 끝 쪽 경사진 부분에 긴 센털들이 나 있다. 배끝과 뒷다리의 종아리마디에는 황백색 털이 길게 뻗쳐 있다. 흔한 종으로, 어른벌레는 참나무류나 그 아래에 있는 풀 위에서 잘 발견된다.

◆ 몸 길이 / 8~12mm
◆ 출현기 / 5~7월
◆ 서식지 / 평지, 낮은 산지
◆ 국내 분포 / 북부, 중부
◆ 국외 분포 / 중국
※ 이른 봄에 산길가의 활엽수 줄기와 잎에서 여러 마리가 한꺼번에 관찰되곤 한다.

○ 제주도에도 분포한다. 1999. 5. 22. 아라동(제주)

◆ 몸 길이 / 13~17mm
◆ 출현기 / 6~9월
◆ 서식지 / 평지, 낮은 산지
◆ 국내 분포 / 전국
◆ 국외 분포 / 일본, 중국
※ 흔한 종으로, 낮은 산지
　길가의 칡과 같은 콩과 식
　물 잎 위에 있는 것이 눈
　에 많이 띈다.

혹바구미

Episomus turritus

몸은 검은색과 회흑색을 띠는 등 다양한 색채 변이가 있으며, 표면에 회백색의 잔털이 빽빽이 나 있다. 머리 가운데에는 세로로 큰 홈이 발달하는데, 주둥이 끝이 갈라져 Y자 모양이 된다. 딱지날개에는 울퉁불퉁한 융기물이 많은데, 특히 배끝 부위에 눈에 띄게 솟아난 부분이 있어 이를 보고 '혹'의 의미를 찾을 수 있다. 잎 위에 앉아 있을 때 몸을 낮추고 다리로 움켜쥐며 더듬이를 길게 내려뜨려, 마치 하나의 덩어리처럼 보이게 한다.

○ 경작지 주변 쑥이나 우엉 잎에 잘 붙어 있다. 2004. 6. 13. 홍천군 서석면(강원)

흰띠길쭉바구미
Lixus acutipennis

주둥이가 길고 굵으며, 몸 전체가 긴 타원형을 이룬다. 몸 빛깔은 검은데, 흰 털로 덮여 있어 줄무늬처럼 보인다. 특히 앞가슴등판의 옆쪽과 딱지날개의 중앙 기부에서 기울어진 3개의 띠무늬가 나타난다. 이 무늬는 개체에 따라 흰 부분의 너비나 색에 약간의 변화가 있다. 더듬이는 적갈색이고 발목마디들은 붉다. 봄부터 초여름 사이에 밭 주변의 쑥과 같은 풀밭에서 주로 볼 수 있다.

◆ 몸 길이 / 9~14mm
◆ 출현기 / 5~8월
◆ 서식지 / 경작지 주변, 산 가장자리
◆ 국내 분포 / 전국
◆ 국외 분포 / 일본, 중국
※ '흰줄바구미'와 매우 닮아서 혼동되는 경우가 많다. 앞가슴등판과 딱지날개에 과립 모양의 홈이 많아 구별된다.

🔾 목련 나무 줄기를 타고 기어가고 있다. 2004. 5. 15. 경희대(서울)

◆ 몸 길이 / 3.8mm 안팎
◆ 출현기 / 5～6월
◆ 서식지 / 산지
◆ 국내 분포 / 중부
◆ 국외 분포 / 일본, 중국
※ 생김새가 비슷한 종들이 많고 몸의 흰 부분이 떨어져 나가면 구분이 매우 어렵다. 종을 정확히 알려면 전문가의 도움이 필요하다.

등고목바구미
Acicnemis suturalis

몸은 오뚝이 모양이며, 적갈색과 회갈색 털이 나 있다. 딱지날개는 도랑 같은 홈들이 두드러져 보이고, 배끝 쪽에 짧은 흰 털이 많아 띠를 이루는데, 벌어진 V자 모양이다. 우연히 목련 나무 줄기를 타고 기어 올라가는 것을 관찰한 적이 있으나, 유충의 먹이 식물은 등나무인 것으로 알려져 있다.

337

바구미과 (Curculionidae)

● 건드리면 죽은 척한다. 2004. 6. 6. 홍천군 삼마치리(강원)

옻나무바구미
Ectatorhinus adamsii

비교적 큰 바구미류로, 몸은 적갈색에서 어두운 갈색을 띠는데, 등 쪽으로 흰색, 회황색, 검은색 등의 짧은 털이 빽빽하게 섞여 있어 다양한 무늬로 나타난다. 다리는 황갈색과 갈색 털이 가로로 늘어져 있다. 앞가슴등판과 딱지날개는 굴곡이 심해 보인다. 주로 상수리나무 수액에 잘 모이며, 벌목장 주변의 풀 위에서도 발견된다.

◆ 몸 길이 / 15~20mm
◆ 출현기 / 5~8월
◆ 서식지 / 평지나 낮은 산지
◆ 국내 분포 / 중부, 남부, 제주
◆ 국외 분포 / 일본
※ 조금만 건드려도 옆으로 누워 죽은 척한다. 이를 '의사 행동'이라고 한다.

○ 여러 꽃 위에서 발견된다. 1994. 8. 14. 현리(경기)

◆ 몸 길이 / 7~10mm
◆ 출현기 / 5~8월
◆ 서식지 / 평지, 낮은 산지의 풀밭
◆ 국내 분포 / 북부, 중부, 남부
◆ 국외 분포 / 일본, 중국, 러시아(시베리아)
※ 과거에는 '고려네눈박이바구미'라고도 하였다.

흰점박이꽃바구미
Anthinobaris dispilota

몸은 검은색이며, 황백색 또는 노란색 털이 빽빽하게 나 있다. 더듬이 기부에서 절반은 적갈색을 띤다. 주둥이는 아래로 굽어진다. 딱지날개에는 10개 정도의 세로줄 홈이 있다. 앞가슴등판 양쪽 모서리, 가운데가슴 등판, 딱지날개의 기부와 2/3 지점에 황백색 털이 두드러지게 나 있어 띠처럼 보인다. 어른벌레는 여러 꽃에 날아오는데, 꽃 위에서 짝짓기를 하는 경우도 많다.

어른벌레로 겨울을 난다. 2004. 3. 24. 안덕 계곡(제주)

흰가슴바구미

Gastrocerus tamanukii

주둥이는 검고 길이 3mm 안팎이다. 가슴은 희나 딱지날개에는 중간 뒷부분으로 검은색의 넓은 띠가 보인다. 겨울에 썩은 팽나무의 틈에 들어가 겨울을 나는 것을 관찰한 적이 있다. 적을 만나면 배끝 부분을 움직여 '하늘소' 처럼 '찌익' 하는 소리를 낸다. 흔한 종은 아닌 것 같다. 애벌레의 먹이 식물은 팽나무이다.

- ◆ 몸 길이 / 9mm 안팎
- ◆ 출현기 / 5~7월
- ◆ 서식지 / 평지
- ◆ 국내 분포 / 제주
- ◆ 국외 분포 / 일본

※ 흰 가슴의 특이한 생김새 때문에 쉽게 알 수 있으나, 다른 몇몇 종의 바구미에서도 이와 비슷한 특징이 나타나므로 구별에 주의해야 한다.

왕바구미과 [Dryophthoridae]

　몸 크기가 매우 다양하며, 더듬이가 눈과 가까운 곳에서 나온다. 주로 외떡잎 식물에서 많이 보이며, 열대에서는 바나나, 사탕수수, 야자수에 붙는다고 한다. 특히 이들 중 쌀바구미는 저장 곡물을 먹는 것으로 유명하다. 우리 나라에 9종 이 있다.

❍ 딱지날개의 흰 줄무늬가 뚜렷하다. 2003. 6. 6. 태안군 신두리(충남)

◆ 몸 길이 / 9~15mm
◆ 출현기 / 5~8월
◆ 서식지 / 낙엽 활엽수림
◆ 국내 분포 / 중부, 남부, 제주도
◆ 국외 분포 / 일본, 중국

흰줄왕바구미
Cryptoderma fortunei

　몸은 전체가 갈색을 띠는데, 앞가슴등판의 가운데와 양 가장자리로 가늘게 흰 줄이 있다. 그리고 딱지날개의 어깨 부분에서 중앙에 이르는 굵은 흰 줄무늬가 있는데, 八자가 거꾸로 보이는 듯하다. 더듬이는 주둥이의 밑부분에서 나온다. 과거에는 제주도에서만 분포하는 것으로 알려져 왔으나, 최근 중부, 남부 지역에도 분포하는 것이 밝혀졌다.

❂ 썩은 고목에 잘 모인다. 2001. 5. 18. 수원(경기)

왕바구미
Sipalinus gigas

몸은 전체가 검은색과 흑갈색이 섞여 있으며, 회갈색 가루로 뒤덮인 등 쪽이 곰보 모양으로 부풀어 있다. 여러 고사목을 먹어치우기 때문에 벌목장 주변에 가면 많이 볼 수 있다. 밤에 불빛에 날아들며, 그 아래에서 짝짓기를 하는 경우도 있다. 입이 뾰족하지만 사람에게 해를 끼치지는 않는다. 하지만 붙잡았을 때 다리의 발톱이 날카로워 손에 상처를 입히는 수가 있으므로 조심해야 한다. 수세가 쇠약한 여러 벌채목에 잘 모인다.

◆ 몸 길이 / 12~29mm
◆ 출현기 / 5~9월
◆ 서식지 / 낙엽 활엽수림
◆ 국내 분포 / 전국
◆ 국외 분포 / 일본, 중국, 타이완, 러시아(연해주, 사할린), 인도차이나, 인도, 필리핀, 말레이시아, 인도네시아, 오스트레일리아
※ 우리 나라에서는 가장 큰 바구미 종이다.

우리말이름찾아보기

학·명·찾·아·보·기

참˙고˙문˙헌

- Bang, H.S., K.G. Wardhaugh, S.J. Hwang and O.S. Kwon, 2003. Development of *Copris tripartitus* (Coleoptera: Scarabaeidae) in two different rearing media. *Korean J. Entomol.* **33**(3): 201-204.

- Both, R.G., M.L. Cox and R.B. Madge, 1990. *IIE guides to insects of importance to man 3. Coleoptera. International Institute of Entomology.* The National History Museum. 384pp.

- Han, K.D., 2002. The Korean species of the Genus *Enaptorhinus* G.R. Waterhouse (Coleoptera: Curculionidae: Entiminae). *Korean J. Entomol.* **32**(3): 185-191.

- Imura Y. and H. Kezuka, 1992. Geographical and individual variations of carabid beetles in the species of the subtribe Carabina (3) Carabid beetles of the southern part of the Korean peninsula. Mushisha. **3**: 33-52(in Japanese).

- Kang, T.H. and J.I. Kim, 2000. Taxonomic study of Korean Cantharidae (Coleoptera). subfamily Cantharinae. IV. genus *Rhagonycha. Korean Journal of Entomology* **30**(3): 157-162.

- Kang, T.H. and J.I. Kim, 2000. Taxonomic study of Korean Cantharidae (Coleoptera). II. genus *Podabrus. Insecta Koreana* **17**(3): 199-213.

- Kang, T.H. and J.I. Kim, 2002. Taxonomic study of Korean Cantharidae. V. A newly recorded genus and species, *Pseudoabsidia ussurica* Wittmer, from Korea. *Korean Journal of Entomology* **32**(1): 21-23.

- Kang, T.H. and Y. Okushima, 2003. Taxonomic Study of Korean Cantharidae. VI. Three new species from Is. Jejudo, Korea. *Elytra* **31**(2): 341-351.

- Kang, T.H., J.I. Kim and K.M. Kim, 2000. Taxonomic study of Korean Cantharidae. III. subfamily Cantharinae: tribe Cantharini. *Korean Journal of Entomology* **30**(3): 147-156.

- Kim, C.W., 1978. Atlas of insects of Korea. series 2, Coleoptera. Korea Univ. Press. 414pp.

- Kim, J.I. and B.H. Jung, 2004. Taxonomic review of the genus *Ceropria* (Laporte et Brulle) of the Korean Tenebrionidae (Coleoptera, Tenebrionidae, Diasperinae). *Entomological Research* **34**(3): 163-168.

- Kim, J.I. and S.Y. Kim, 1998. Taxonomic review of Korean Lucanidae (Coleoptera: Scaraeoidae). *The Korean Journal of Systematic Zoology* **14**(1): 21-33.

- Kim, J.I. and S.Y. Kim, 2003. Taxonomic review of the tribe Tenebrionini (Coleoptera, Tenebrionidae) in Korea. *Korean J. Entomol.* **33**(3): 139-144.

- Kim, J.I. and T.H. Kang, 2000. Taxonomic study of Korean Cantharidae (Coleoptera). I. Malthininae and Chauliognathinae. *Insecta Koreana* **17**(1/2): 111-120.

- Kim, J.I. and T.H. Kang, 2005. Taxonomic review of the family Lycidae (Coleoptera) in Korea. *Entomological Research* **35**(1): 45-54.

- Kim, J.I., 1996. Taxonomic study of Korean Rutelidae (Coleoptera) III. Miscellaneous genera of Anomalini. *Korean Journal of Entomology* **26**(2): 105-114.

- Kim, J.I., 2000. Taxonomic review of the genus *Protaetia* Burmeister from Korea (Coleoptera, Cetoniidae). *Korean Journal of Entomology* **30**(4): 211-217.

- Kim, M.A., H.A. Lee and H.C. Park, 2003. A taxonomic study of immature stage in three species of the genus *Protaetia* Burmeister (Coleoptera, Scarabaeoidea, Cetoniidae) from Korea. *Korean Journal of Entomology* **33**(4): 231-236.

- Kim, M.A., H.C. Park, Y.B. Lee, S.J. Jang and M.S. Han, 1999. Taxonomic review of Dermestidae (Insecta: Coleoptera) associated with storedsilkworm cocoons in Korea. *The Korean Journal of Entomology* **29**(3): 195-202.

- Lawence, J.F. and A.F. Newton, Jr., 1995. Families and subfamilies of Coleoptera (with selected genera, notes, references and data on family-group names). In: Pakaluk, J. and S. A. Ślipiński(eds), Biology, phylogeny, and classification of coleoptera: Papers celebrating the 80th birthday of Roy A. Crowson. volume two. p. 779-1006. Muzeum I Instytut Zoologii PAN Warszawa.

- Park, H.C., 1993. Systematic and Ecology of Coccinllidae (Insecta: Coleoptera). Thesis for Ph. D. Korea Univ.

- Park, H.C., T.H. Kang, J.G. Kim and H.S. Shim, 2005. *Lucidina kotbandia*, a new species (Coleoptera: Lampyridae) from Korea. *Entomological Research* **35**(3): 149-152.

- Park, J.K. and G. Szél, 2004. North Korean ground-beetles deposited in Hungarian National History Museum (HNHM, Budapest). *Entomological Research* **34**(3): 213-224.

- 김종길 · 박해철 · 이종은 · 진병래, 2003. 한국의 반딧불이. 한국반딧불이연구회. 94pp.

- 김진일, 1991. 한국산 측기문풍뎅이류의 분류학적 연구-XIII. 금풍뎅이과. 한국곤충학회지, **21**(2): 71-76.

- 김진일, 1998. 한국곤충생태도감 III 딱정벌레목 편. 고려대학교 한국곤충연구소, 255pp.

- 김진일, 1999. 쉽게 찾는 우리 곤충. 현암사. pp. 193-294.

- 김진일, 2000. 한국경제곤충 4, 풍뎅이上科(上). 딱정벌레目. 농업과학기술원. 149pp.

- 김진일, 2001. 한국경제곤충 10, 풍뎅이上科(下), 딱정벌레目. 농업과학

기술원. 167pp.

- 김진일, 2003. 한국산 해안사구성 곤충상. 한국자연보존연구지, **1**(1): 27-45.

- 김철학·이준석·정근·박규택, 2004. 왕사슴벌레(*Dorcus hopei*)의 대량사육 기술개발을 위한 생태특성 조사. 한국응용곤충학회지, **43**(2): 135-142.

- 남상호, 1996. 원색도감 한국의 곤충. 교학사. 519pp.

- 박용환·최귀문·이영인·이문홍·한상찬·안성복·박중수·이순원, 1988. 원색도감 과수해충생태와 방제. 농촌진흥청 농업기술연구소, 220pp.

- 박종균·백종철, 2001. 한국경제곤충 12, 딱정벌레目. 농업과학기술원. 169pp.

- 박진영, 2004. 한국산 거위벌레과(딱정벌레목)의 계통분류 및 생태학적 연구. 안동대학교 대학원 이학박사학위논문, 135p+fig.34+appendix 20.

- 방혜선·마영일·황석조·김진일, 2000. 실내사육에 의한 애기뿔소똥구리(*Copris tripartitus* Waterhouse) (딱정벌레목: 소똥구리과)의 생태적 특성. 한국곤충학회지, **30**(2): 85-89.

- 손재천·안승락·이종은·박규택, 2002. 외래종 돼지풀잎벌레(*Ophraella communa* LeSage)의 국내 발생현황. 한국응용곤충학회지, **41**(2): 145-150.

- 신유항, 1993. 원색한국곤충도감. 아카데미서적, 453pp.

- 안승락, 2001. 한국경제곤충 14. 잎벌레과. 농업과학기술원. 229pp.

- 오승환, 2000. 한국산 줄범하늘소족(딱정벌레목, 하늘소과)의 분류학적 연구. 강원대학교 농생물학과 농학석사학위논문. 85pp.

- 이범영, 1987. 표고 골목해충인 털두꺼비하늘소의 생태에 관한 연구. 임업연구원연구 보고서, **35**: 139-145.

- 李範英·鄭榮鎭, 1997. 韓國樹木害蟲. 성안당. pp. 139-145.

- 이승모, 1987. 韓半島 하늘소(天牛)科 甲蟲誌. 國立科學館. 287pp.

• 조복성, 1969. 한국동식물도감 제10권 동물편(곤충류II). 문교부. 969pp.

• 조영복 · 안기정, 2001. 한국경제곤충 11, 송장벌레科, 반날개科. 딱정벌레目. 농업과학기술원. 167pp.

• 최광식 · 김종국 · 백운일, 1993. 도토리거위벌레(*Mechoris ursulus*)의 생활사. 임업연구원연구 보고서, **47**: 153-157.

• 최귀문 · 한만종 · 안성복 · 이승환 · 최동로, 1992. 원색도감 화훼해충 생태와 방제. 농촌진흥청 농업기술연구소. 224pp.

• 한국곤충학회 · 한국응용곤충학회(ESK/KSAE), 1994. 한국곤충명집. 건국대학교 출판부, 744pp.

• 홍기정 · 박상욱 · 우건석, 2001. 한국경제곤충 13, 바구미상과(딱정벌레목). 농업과학기술원. 180pp.

• 黒澤良彦 · 渡辺泰明 · 栗林慧, 1996. 甲虫. 山と溪谷社. 239pp.

• 黒澤良彦 外, 1984. 原色日本甲蟲圖鑑 I-IV. 保育社.

Kyo-Hak
Mini Guide 8

딱정벌레

초판 발행/2006. 2. 15

지은이/박해철 · 김성수 · 이영보 · 이영준
펴낸이/양철우
펴낸곳/A **교학사**

기획/유홍희
편집/황정순
교정/차진승 · 하유미 · 김천순
장정/오홍환
원색 분해 · 인쇄/본사 공무부

저자와의
협의에 의해
검인 생략함

등록/1962. 6. 26.(18-7)
주소/서울 마포구 공덕동 105-67
전화/편집부 · 312-6685 영업부 · 717-4561~5
팩스/편집부 · 365-1310 영업부 · 718-3976
대체/012245-31-0501320
홈페이지/http://www.kyohak.co.kr

Mini Guide 8
Color illustration of Korean Beetles (Coleoptera)
by Park Hae Chul   Kim Sung Soo
    Lee Yeong Bo   Lee Yeong Jun

Published by Kyo-Hak Publishing Co., Ltd., 2006
105-67, Gongdeok-dong, Mapo-gu, Seoul, Korea
Printed in Korea

ISBN 89-09-11739-7 96490